乡村振兴背景下的
乡村景观发展研究

任亚萍 周勃 王梓 著

中国水利水电出版社
www.waterpub.com.cn
·北京·

内 容 提 要

乡村景观正经历着一场历史性的变革,很多乡村正在从传统乡村景观转变为现代乡村景观。

本书在全面论述乡村景观的基本理论问题的基础上,对乡村景观规划展开了深入分析。此外,本书还对乡村景观规划的案例、评价、建设和管理等做了系统的阐述。

总体而言,本书内容翔实,条理清晰,能够使读者熟知乡村景观发展的内容体系,提升读者建设和发展乡村景观的意识,并且可以指引相关工作者有效地开展乡村景观建设工作。

图书在版编目(CIP)数据

乡村振兴背景下的乡村景观发展研究/任亚萍,周勃,王梓著. —北京:中国水利水电出版社,2018.9(2025.4重印)
 ISBN 978-7-5170-6967-6

Ⅰ.①乡… Ⅱ.①任… ②周… ③王… Ⅲ.①景观规划—乡村规划—研究—中国 Ⅳ.①TU982.29

中国版本图书馆 CIP 数据核字(2018)第 232366 号

书　　名	乡村振兴背景下的乡村景观发展研究 XIANGCUN ZHENXING BEIJING XIA DE XIANGCUN JINGGUAN FAZHAN YANJIU
作　　者	任亚萍　周勃　王梓　著
出版发行	中国水利水电出版社 (北京市海淀区玉渊潭南路 1 号 D 座 100038) 网址:www.waterpub.com.cn E-mail:sales@waterpub.com.cn 电话:(010)68367658(营销中心)
经　　售	北京科水图书销售中心(零售) 电话:(010)88383994、63202643、68545874 全国各地新华书店和相关出版物销售网点
排　　版	北京亚吉飞数码科技有限公司
印　　刷	三河市华晨印务有限公司
规　　格	170mm×240mm　16 开本　17.25 印张　224 千字
版　　次	2019 年 3 月第 1 版　2025 年 4 月第 2 次印刷
印　　数	0001—2000 册
定　　价	76.00 元

凡购买我社图书,如有缺页、倒页、脱页的,本社营销中心负责调换

版权所有·侵权必究

前　言

　　中国是一个地大物博的农业大国,乡村一直是中华民族的主要聚集区域,乡村景观就成为国内数量最多、分布最广的一种景观类型。中国的乡村因其地理位置、地形、地貌、水土、气候、植被、经济水平和地域文化等的不同而形成各自特有的乡村风貌和文化个性。乡村景观正是自然、地理、人文、历史等特征的外在反映,是在上述因素的综合作用下孕育、产生、演变和发展起来的。乡村作为重要的人类聚居区域,其环境、面貌与结构是乡村景观最直接的体现。当前,中国正处于由传统乡村景观向现代乡村景观转变的过渡时期。21世纪之后,中国城市化的快速发展对乡村景观产生巨大的冲击,深刻地影响和改变着中国乡村景观的整体面貌。显然,中国的乡村景观在规划与发展时必然会受到多种因素的制约,其中种种问题的解决自然离不开正确理论的指导。在此背景下,作者在参阅大量相关著作文献的基础上,精心策划并撰写了《乡村振兴背景下的乡村景观发展研究》一书。

　　本书共有十章。第一章作为全书开篇,首先对乡村振兴战略、乡村景观研究动态、中国乡村景观建设的兴起与发展进行综述。第二章分析乡村景观研究中的基本问题,如乡村景观研究的基本概念、相关问题、基本理论。第三章探讨乡村景观的分类,涉及景观分类的方法、关于乡村景观的分类、乡村景观的构成要素、乡村景观的基本结构。第四章与第五章重点介绍乡村景观的特征、形式以及乡村景观的规划。第六章与第七章主要分析乡村聚落景观、农业景观、道路景观、水域景观的规划。第八章从实践入手,分析乡村景观规划的具体案例。第九章研究乡村景观评价。第十章为本书的最后一章,论述乡村景观规划的建设与管理,为本书画上一个完美的句号。

　　本书通过对乡村景观规划理论与方法的深入研究,在保护乡村景观完整性与地方文化特色的基础上,挖掘乡村景观资源的经济价值,改善与恢复乡村良好的生态环境,营造美好的乡村生活、生产、生态环境,促进乡村经济、生态的持续协调发展,从而在当前新农村建设的过程中既维护乡村景观的风貌,又提升乡村人民的生活质量。

　　在撰写过程中,作者听取了很多专家、学者的宝贵意见,同时得到了同行友人的大力支持,在此表示由衷的谢意。由于作者水平有限且时间仓促,书中疏漏之处在所难免,恳请广大读者不吝批评指正。

作　者

2018年5月

目　　录

前言

第一章　综述 ……………………………………………… 1
第一节　乡村振兴战略 ………………………………… 1
第二节　乡村景观研究动态 …………………………… 7
第三节　中国乡村景观建设的兴起与发展 …………… 13

第二章　乡村景观研究的基本问题 …………………… 18
第一节　乡村景观研究的基本概念 …………………… 18
第二节　乡村景观研究的相关问题 …………………… 22
第三节　乡村景观研究的基本理论 …………………… 23

第三章　乡村景观的分类 ………………………………… 42
第一节　景观分类方法 ………………………………… 42
第二节　关于乡村景观的分类 ………………………… 50
第三节　乡村景观的构成要素 ………………………… 53
第四节　乡村景观的基本结构 ………………………… 65

第四章　乡村景观的特征与形式 ………………………… 70
第一节　乡村景观的地域特征 ………………………… 70
第二节　乡村景观的共性特征 ………………………… 80
第三节　乡村景观的设计形式 ………………………… 83

第五章　乡村景观规划 …………………………………… 99
第一节　乡村景观规划概述 …………………………… 99

· 1 ·

第二节　区域乡村景观规划 …………………………… 111
　　第三节　乡村景观总体规划 …………………………… 113

第六章　乡村聚落景观与农业景观规划 ………………… 120

　　第一节　乡村聚落景观规划 …………………………… 120
　　第二节　农业景观规划 ………………………………… 140

第七章　乡村道路景观与乡村水域景观规划 …………… 151

　　第一节　乡村道路景观规划 …………………………… 151
　　第二节　乡村水域景观规划 …………………………… 153

第八章　乡村景观规划案例分析 ………………………… 176

　　第一节　乡村景观规划国内案例分析 ………………… 176
　　第二节　乡村景观规划国外案例分析 ………………… 191

第九章　乡村景观评价 …………………………………… 198

　　第一节　乡村景观评价概述 …………………………… 198
　　第二节　乡村景观评价的类型 ………………………… 204
　　第三节　乡村景观评价的方法 ………………………… 223

第十章　乡村景观规划建设与管理 ……………………… 226

　　第一节　乡村景观规划的审批 ………………………… 226
　　第二节　乡村景观规划的实施 ………………………… 227
　　第三节　乡村景观规划的管理 ………………………… 246

参考文献 …………………………………………………… 268

第一章 综 述

党的十九大把乡村振兴战略作为国家战略提到党和政府工作的重要议事日程上来,并对具体的振兴乡村行动明确了目标任务,提出了具体工作要求。乡村振兴涉及很多方面,乡村建设就是其中的一个重要方面。在乡村建设方面,从"新农村建设""美丽乡村"发展到"乡村振兴"的新局面。这就要求进行详细的乡村景观规划。乡村的规划应该在乡村实际环境的基础上,调整景观与经济、文化的关系,从而共同创建一个美观舒适的乡村。

第一节 乡村振兴战略

乡村振兴战略是未来促进我国农业农村现代化的总战略。党的十九大报告以"实施乡村振兴战略"统领关于"三农"工作的部署,展现从城乡统筹、城乡一体化到乡村振兴的清晰脉络。

一、清晰认识乡村振兴战略的实质

(一)走向产业兴旺

无论是新农村建设还是乡村振兴,第一位的任务都是发展生产力、夯实经济基础。但在不同发展阶段,发展生产力的着力点是不同的。

2005年前后,农业面临的主要矛盾是供给不足,发展农业生产、提高农产品供给水平是主要任务,相应的要求便是"生产发展"。

经过这些年的努力,我国农业综合生产能力有了很大提高,农业的主要矛盾已经由总量不足转变为结构性矛盾,主要表现为阶段性的供过于求和供给不足并存。

面向未来,我国农业综合生产能力还需要进一步提高,而且要把提高农业综合效益和竞争力作为主攻方向。与此同时,还要拓展发展农村生产力的视野,全面振兴农村二、三产业,防止农村产业空心化。

当年,乡镇企业"异军突起"开辟了我国工业化的第二战场,虽然分散布局造成环境污染、土地资源低效利用,但提供了大量就业岗位,使一些乡村完成了资本积累。随着20世纪90年代初期乡镇企业改制、集中布局的推进,以及90年代后期土地管理制度的调整,除了硕果仅存的部分"明星村",全国大多数乡村的二、三产业发展陷入低谷。如果这个局面不改变,农村局限于发展农业、农业局限于发展种养,在我国这种资源禀赋的条件下,农民不可能得到充分就业,乡村不可能得到繁荣发展。现代化的农村,不仅要有发达的农业,而且要有发达的非农产业体系。

为此,要瞄准城乡居民消费需求的新变化,以休闲农业、乡村旅游、农村电商、现代食品产业等新产业新业态为引领,着力构建现代农业产业体系、生产体系、经营体系,推动农业向二、三产业延伸,促进农村一、二、三产业融合发展,使农村产业体系全面振兴。

(二)走向生活富裕

2005年前后,我国农村居民生活水平刚刚从温饱转向小康,消费支出的恩格尔系数仍高达46%左右,处于联合国划分的40%~50%的小康标准范围内,总体上刚刚温饱有余。

按每人每年2300元(2010年不变价格)的现行农村贫困标准,2005年全国农村还有贫困人口28662万人,占当时农村人口的比重高达30.2%。当时,农业税刚刚取消,农业富余劳动力转移刚刚迈过刘易斯第一拐点、就业不充分,新农合制度刚刚建立、筹资水平和保障程度较低,低保和新农保制度尚未建立,农村义务教育尚未全面免费。基于当时这种现实,把"生活宽裕"作为未来新农村的一种愿景,是恰当的。

随着这些年农民就业和收入来源的多元化,农村教育、医疗、养老、低保制度的完善,农民收入水平和生活质量有了很大提高。2016年全国农村居民消费支出的恩格尔系数为32.2%,即将跨越联合国划分的30%～40%的相对富裕标准,进入20%～30%的富足标准。2016年全国农村贫困人口仅剩下4335万人,仅占农村人口的4.5%。这表明,即便按国际标准,把"生活富裕"作为未来乡村振兴的一种愿景,也是有可能实现的。

实现"生活富裕",必须做到以下几点。

第一,注重提高农民的就业质量和收入水平,把农民作为就业优先战略和积极就业政策的扶持重点,加强职业技能培训,提供全方位公共就业服务,多渠道促进农民工就业创业。

第二,推动城乡义务教育一体化发展,努力让每个农村孩子都能享有公平且有质量的教育,使绝大多数农村新增劳动力接受高中阶段教育,更多地接受高等教育。

第三,完善城乡居民基本养老保险制度,完善统一的城乡居民基本医疗险制度和大病保险制度,统筹城乡社会救助体系,完善最低生活保障制度。

(三)走向生态宜居

生态环境和人居条件既是从外部看乡村的"面子",也是衡量乡村生产生活质量的"里子"。

2005年前后,我国农业仍处于增产导向的发展阶段,没有精力关注农业资源环境问题。农村还不富裕,没有定力和底气抵制城市污染下乡。农村建设缺乏规划,人居环境脏乱差。基于这种现实,同时为了避免大拆大建、加重农民负担,当时仅仅提出了"村容整洁"的要求,一些地方也仅限于"有钱盖房、没钱刷墙"。

目前,我国农业生产中存在的资源透支和环境超载问题已充分暴露,有必要也有能力促进农业绿色发展。农民衣食住行等物质生活条件得到改善,对优美生态环境的需要日益增长。发展休闲旅游养老等新产业,吸引城市消费者,也要求有整洁的村容村貌、优美的生态环境、舒适的居住条件。

适应这些新的变化,未来有必要把"生态宜居"作为乡村振兴的重要追求。为此,要以体制机制创新促进农业绿色发展,强化土壤污染管控和修复,加强农业面源污染防治;加大农村生态系统保护力度,开展农村绿化行动,完善天然林保护制度,扩大退耕还林还草;开展农村人居环境整治行动,继续搞好农村房前屋后的绿化美化、垃圾和污水处理、村内道路硬化。

(四)走向治理有效

乡村善治是国家治理体系和治理能力现代化的基础。

2005年前后的几种问题体现在以下几个方面。

第一,农村税费改革正在推进,公共财政覆盖农村刚刚开始,农村基础设施和公益事业还需要农民负担部分费用。

第二,乡村债务较为严重,如何化解需要审慎决策。

第三,农业补贴制度刚刚建立,补贴资金如何真正发放到农民手中需要周密部署。

第四,农村基层民主选举制度还不完善。

为了解决好这些问题,缓解农村社会矛盾,当时把着力点放在"管理民主"上,强调在农村社区事务管理中,村干部要尊重农民的民主权利,规范的是干群关系。

随着农村人口结构、社区公共事务的深刻调整,以及利益主体、组织资源的日趋多元,仅仅依靠村民自治原则规范村干部与群众的关系是不够的。城乡人口双向流动的增多、外来资本的进入、产权关系的复杂化,需要靠法治来规范和调节农村社区各类关系。但自治和法治都是有成本的,如果能够以德化人,形成共识,促进全社会遵守共同行为准则,就可以大幅度降低农村社会运行的摩擦成本。

为此,需要在完善村党组织领导的村民自治制度的基础上,进一步加强农村基层基础工作,根据农村社会结构的新变化,实现治理体系和治理能力现代化的新要求,健全自治、法治、德治"三治结合"的乡村治理机制。

(五)走向乡风文明

在未来现代化进程中,要深入挖掘乡村优秀传统文化蕴含的思想观念、人文精神、道德规范,结合时代要求继承创新,让乡村文化展现出永久魅力和时代风采。

要注重人的现代化,提高农民的思想觉悟、道德水准、文明素养,普及科学知识,抵制腐朽落后文化侵蚀。特别是在婚丧嫁娶中,要摒弃传统陋习,减轻农村人情消费负担。积极应对农村人口老龄化,构建养老、孝老、敬老政策体系和社会环境。

需要注意的是,促进乡风文明不仅是提高乡村生活质量的需要,也有利于改善乡村营商环境,促进乡村生产力发展。

二、乡村振兴战略存在的合理性

(一)打破发展不平衡、不充分

中华人民共和国成立以来、特别是改革开放以来,我国城乡面貌都发生了很大的变化,但城乡二元结构仍是目前我国最大的结构性问题,农业农村发展滞后仍是我国发展不平衡不充分最突出的表现。

从社会保障来看,目前农村低保、新农保、新农合保障标准低于城镇居民和城镇职工。

从收入和消费看,尽管近年来农村居民收入和消费支出增长速度快于城镇居民,但2016年我国城镇居民人均收入和消费支出仍分别是农村居民的2.72倍和2.28倍,城乡居民家庭家用汽车、空调、计算机等耐用消费品的普及率差距仍然很大。

从全员劳动生产率来看,2016年非农产业达到人均12.13万元,而农业只有2.96万元,前者是后者的4.09倍。

从基础设施来看,根据第三次全国农业普查,2016年全国农村还有46.2%的家庭使用普通旱厕,甚至还有2%的家庭没有厕所;26.1%的村生活垃圾、82.6%的村生活污水未得到集中处理或部分集中处理;38.1%的村内主要道路没有路灯。

从基本公共服务来看,2016年,67.7%的村没有幼儿园、托儿所;18.1%的村没有卫生室;45.1%的村没有执业(助理)医师。

这还仅仅是数量上的差距,如果看质量,城乡差距就更大了。这种局面不改变,将会阻碍我国全面建设现代化目标的实现。

(二)提升人民生活质量

社会主要矛盾的变化,对农业农村发展提出了新要求。

从农村居民来看,不仅要求农业得到发展,而且要求农村经济全面繁荣。

不仅要求在农村有稳定的就业和收入,而且要有完善的基础设施、便捷的公共服务、可靠的社会保障、丰富的文化活动,过上现代化的、有尊严的生活。

不仅要求物质生活上的富足,而且要求生活在好山、好水、好风光之中。

从城镇居民来看,对农产品量的需求已得到较好满足,但对农产品质的需求尚未得到很好满足。

不仅要求农村提供充足、安全的农产品,而且要求农村提供清洁的空气、洁净的水源、恬静的田园风光等生态产品,以及农耕文化、乡愁寄托等精神产品。

无论是从农村居民还是城市居民的角度,都要求全面振兴乡村。

(三)时机成熟

从国家能力来看,我国工业化、城镇化水平已有很大提高,2016年我国乡村人口占比已下降到42.65%,第一产业就业占比已下降到27.7%,第一产业国内生产总值占比已下降到8.6%,有条件以城市这个"多数"带动乡村这个"少数"、以工业这个"多数"支援农业这个"少数",这为实施乡村振兴战略创造了良好条件。

从农村内部来看,党的十六大以来,城乡统筹发展取得积极进展,在新农村建设方面采取了很多措施,农村水、电、路等基础设施条件明显改善,免费义务教育、新农合、新农保、低保等基本公共服务实现了从无到有的历史性变化。

近年来,一些地方在美丽乡村建设方面摸索出了好的做法,农业正在绿起来,农村正在美起来,这为实施乡村振兴战略奠定了扎实的基础。

(四)国际教训的吸取

欧洲的部分发达国家曾实行单一的农业政策,通过价格干预等措施促进农业发展和农民增收。面对环境问题恶化、年轻人口大量流失、乡村不断衰落,他们都转向实行综合性的乡村发展政策,把农业生产、乡村环境、农民福利等问题一揽子解决。日本、韩国工业化城镇化发展到一定阶段后,也都先后实施乡村振兴计划。拉美、南亚一些国家没有能力或没有政治意愿实施乡村振兴,大量没有就业的农村人口涌向大城市,导致较严重的社会问题,这是其落入"中等收入陷阱"的重要原因之一。

我国正处于中等收入发展阶段,能否像一些专家预测的那样在2024年前后迈入高收入发展阶段,进而顺利地向现代化目标迈进,在很大程度上取决于"三农"问题解决得如何。从正反两方面情况看,我国现代化进程已到实施乡村振兴战略的时候。

第二节 乡村景观研究动态

国外研究集中在乡村土地利用、乡村景观资源保存和文化景观方面。国内研究内容主要涉及农业景观以及城乡交错带和生态脆弱区的乡村景观等。

一、国外研究动态

欧洲一些国家,如捷克、德国、荷兰等,在20世纪五六十年代开始开展景观生态学的应用研究和农业或乡村景观规划,并形成了完整的理论和方法体系,而且设置了专门的研究机构,为推动世界农业与乡村景观规划、解决乡村城镇化与传统乡村景观保护之间的冲突起到了积极的作用。早期的欧洲乡村景观研究,主要从社会经济的角度探讨欧洲乡村聚落与乡村景观的发展过程。20世纪90年代转向从土地利用方面研究欧洲乡村景观的变化。近年来则从时空维度总体讨论欧洲各地乡村景观的过去与未来的发展战略。

亚洲的韩国、日本等,在城市化高速发展的过程中,其农业或乡村景观规划的研究,对农耕地和传统景观的保护起到了决定性的作用。韩国在20世纪70年代曾大规模地开展乡村景观美化运动(又称"新农村运动"),对协调城市与乡村的土地利用竞争,保护农耕地和传统乡村景观,实现人与自然的和谐发展起到了积极的推动作用。日本农林水产省和其他有关的几个社会团体于1992年联合举办的"美丽的日本乡村景观竞赛",促进了日本各有关方面对本国的农村、山川、渔村、自然景观及人文景观的理解。

(一)乡村资源研究

乡村景观资源一直是乡村研究的热点。

从19世纪初开始,首先是德国系统阐述欧洲不同类别乡村居民点和田野模式分布,继而引发丹麦、英国、法国等对乡村地理和乡村历史学的研究。

19世纪五六十年代,欧洲乡村景观系统性研究开始了,正在进行的农业改革和城市化进程被提上日程。

19世纪70年代中期,乡村工业、农业生态系统等成为研究重点。19世纪90年代开始探讨文化景观的前景,从整体和感性的角度强调乡村景观的美学价值。

景观美学变化和乡村资源利用是讨论重点,而包括视觉景观、心理景观、理想景观和评价标准等问题一直是研究内容,并逐渐开始强调文化景观中的生物多样性和景观在构成国家区域特征中的角色。

随着乡村和现代社会的变化,欧洲乡村景观研究议题必然地从起源和发展向变化后的决策过程转变。为了更好地保存欧洲乡村景观这一快速消失的文化遗产的历史价值,乡村景观的历史、近期变化和未来发展仍是欧洲乡村景观研究的主题。对于乡村景观资源的保存,普遍通过土地合并来实现。

(二)乡村景观政策研究

1. 政策分类

在区域性的景观规划中,将规划区域划分为不同的景观政策分区并赋予不同的规划目标是常用手法。区域性的景观规划策略赋予一个地区整体的、长期的对景观的规划愿景。

(1)景观保护

从18世纪英国开始乡村保护计算起,国外乡村景观规划已有80年的历史。许多国家已经形成国土范围内的保护体系。国际上早已形成乡村景观保护组织并提出相关的公约。联合国教科文组织(United Nations Educational, Scientific and Cultural Organization, UNESCO)和世界自然保护联盟(International Union for Conservation of Nature, IUCN)是国际性乡村景观保护的主要组织。

《实施世界遗产公约的操作指南》将文化景观分为三种类型——"由人类有意设计和建筑的景观""有机进化的景观"和"关联性文化景观"。其中,与乡村景观最相关的是"有机进化的景观"。有机进化的景观是一种从社会、经济等动机出发,对自然环境进行改造后出现的文化景观,从其形式和组成要素上反映了景观进化的过程。这一类文化景观又可分为两个小类:遗迹(或化石)景观,景观进化过程已经终止,但其景观特色仍然依稀可见;持续进化的景观,在现代社会中仍然保持积极作用,同时与传统生活方式紧密相连,景观进化过程仍在持续,展示出在长时间进化过程中的客观物质证据。

(2)景观加强

除了特殊保护区域外,国外也有相当数量的文献研究普通乡村地区的景观问题。虽然每个地域都有其值得保护的历史文化特色,但是,并不是所有的景观都具有出众的自然、文化和历史价值。并且,这些地域仍然承担着生产农副产品和纤维产品的重任,不可能以景观特色的保护为主要功能。

随着国外农业现代化和乡村城市化的发展,乡村地区的景观和功能已经进入了一个相对平衡的阶段。对乡村景观的要求,体现在现状分析的基础上,对景观进行改善和加强。这一景观政策地域分区可称为"乡村功能性景观的加强"区域。

(3)景观新生

除了景观保护区域和景观加强区域之外,还有一片重要的区域,在对其景观规划策略上,通常采用景观新生的策略。这就是城市边缘区。因为城市边缘区日益重要,格里菲斯(Griffith)将之称为"规划最后的前沿领地"。这既表达了城市边缘区规划的重要性,也体现了一直以来,城市边缘区被忽视、缺乏必要的规划和管理的困境。近年来,城市边缘区规划成为研究的新兴领域。它以复杂的土地利用、混乱的景观并存为规划者提出如何新建和管理城市边缘区的景观以适应地域要求的课题。

2. 乡村功能性景观

英国谢菲尔德大学的塞尔曼(Selman)在 *Planning At The Landscape Scale* 一书中,从区域规划的尺度,以景观作为载体,进行更宽广层面的空间规划,包括土地利用规划、社区参与和环境规划。以景观规划为主旨,深化其他领域的政策和实施措施。

吉尔格(Gilg)在 *Countryside Planing：The First Half Century* 中对英国乡村景观规划进行了比较细致完整的回顾,从农业、林业、建成地区、自然区域四个方面回顾了英国的主要政策,指出主要的问题。该书第一版出版于 1975 年,第二版出版于 1996 年。在长达几十年的时间里,Gilg 坚持对英国每年的乡村规划政策做出总结和回顾,并出版了一系列其他著作。第二版更新了 20 世纪 90 年代的英国乡村规划趋势,对英国农业和林业政策对广大乡村地域的景观的影响剖析较为深入。

鲍威尔(Powell)等总结了乡村景观逐渐失去特色的原因是全球化、城市化、农业生产力之上的思想。

许多研究者认为现代农业的机械化和集中化破坏了当地的农业景观,并深入探讨了农业景观的未来发展趋势、生态保护、农场管理等问题。所针对的具体问题包括乡村林木用地、池塘水沟的减少和消失,野生动植物生产环境退化,农药和化肥的过量使用造成的环境污染等。

二、国内研究动态

我国乡村景观早先是作为乡村地理学的一部分进行研究的,随着景观生态学的发展,乡村景观才发展成为一门独立的学科。研究主要从传统的乡村地理学、景观生态学、土地利用规划、乡村文化景观等方面展开,内容涉及农业景观、城乡交错景观、乡村生态和乡村文化景观等。以农田景观格局与变化、乡村聚落、土地资源利用和景观资源评价与模型等研究居多,研究的热点集中在景观生态学与农业环境、乡村规划、农村城镇化等问题上。

（一）乡村聚落景观研究

聚落景观是乡村景观的核心,也是乡村地理学的研究热点。20 世纪 90 年代以前,我国乡村聚落研究以位置、形态、功能、布局、演变、规划六方面为主;此后在空间结构、分布规律、特征、扩散等方面的研究得到了加强。

　　于淼等运用RS和GIS技术以及景观分析方法,以辽东山区桓仁县典型的六个乡镇乡村聚落为研究对象,选取乡村聚落斑块数、斑块面积、斑块密度、平均斑块面积、面积加权平均斑块分维数五个景观指数,从乡村聚落用地、规模、形态、分离度四个方面进行景观空间格局分析。

　　汤国安等利用GIS技术对陕北榆林地区乡村聚落的空间分布规律进行研究。

　　范少言、陈宗兴提出乡村聚落空间结构的研究重点应放在规模与腹地、等级体系与形态、地点与位置、功能与用地组织、景观类型与区划方面,可以从宏观整体、村庄个体、住户单元三个层次对其特征进行研究。

　　蔡为民等对近20年黄河三角洲典型地区农村居民点景观格局进行分析。

　　另外,学者们还对乡村聚落的空心化机理、区域乡村居住区的可持续发展、乡村居住用地变化与人口的相关模型、窑洞村落景观等方面进行探讨。

　　随着可持续发展观念的渗透,乡村聚落景观的研究中融入许多生态学思想,出现生态村、乡村聚落生态系统、乡村人居环境等新概念。

(二)乡村景观生态学研究

　　乡村景观生态学方面的研究主要集中在乡村土地整理和城乡交错带的景观格局研究上。

　　郭文华等研究了郊区景观和乡村景观结构的异同,并分析其驱动因素。

　　李林峰等以信丰县大塘埠镇土地整理项目为例,分析了土地整理项目实施前后乡村景观多样性的变化。

　　刘黎明等探讨了城市边缘区乡村景观生态特征与景观生态建设,提出了城乡协调、全盘布局和保留自身特色等相应的生态规划治理措施和对策。

此外,与城市生态学对应的村落生态学,从20世纪90年代开始研究村落生态系统的模式和分布,到近年来从景观生态学的格局、过程与尺度方面研究,极大地丰富了乡村景观的研究内容。

第三节 中国乡村景观建设的兴起与发展

长期以来,乡村一直在一些重要且迫切需要解决的困难下发展,乡村景观的重要性往往被忽视。因此,乡村景观建设的兴起与发展无疑是让人欣慰的。人类文明发展程度越高,自然因素的影响就会降低,社会因素的影响则增强。然而,在乡村建设的发展过程中,仍然存在一些障碍。

一、乡村景观建设发展中的障碍

(一)削减乡土文化的观念滞后

在乡村的发展进程中,为了提高乡村居民的生活水平和质量,人们往往更多关注乡村经济、设施等方面的发展,而忽视乡村景观的发展,简单地将乡村的发展等同于向城市的发展模式靠近。

不难发现,发展中的乡村大多效仿城市,把城市的一切看成现代文明的标志,使乡村呈现出城市景观。一些村庄在规划建设时,正在兴建村镇标志性建筑、广场等,一些在城市早已开始反思的做法却在乡村滋生、蔓延。殊不知,乡村居民在羡慕城市文明的同时,却往往忽视自身有价值的东西,造成传统乡土文化的消失。

乡村居民还缺乏规范的规划设计观念,自行拆旧建新。大量缺乏设计的平顶式,甚至没有外墙装饰的建筑屡见不鲜,造成乡村建筑布局与景观混乱的现象。把景观建设简单地理解为绿化种植。虽然一些地方有"见缝插绿,凡能绿化的地方都绿化"的意识,但不是通过规划设计,而是自作主张,完全任意行事。

这些观念认识上的偏差都将导致乡村景观的低层次和畸形发展。不可否认,在乡村景观规划的发展进程中,转变人们的思想观念迫在眉睫。

(二)忽视地方特色

中国63.46%的村庄已经编制乡村总体规划,但是总的来看,规划不尽如人意。乡村景观规划自然受人欢迎,但一些规划却没能与乡村的现状紧密联系。单一化的发展,使得新建村落平庸无味、千村一色。许多地区的文化景观都面临着压力,地方特色随着乡村的更新改造而逐渐褪色。打破在地域上、历史上形成的乡村景观,会破坏原有乡村景观的和谐,造成乡土特色的丧失。这不仅会限制乡村功能的发挥,还会对乡村景观的生态保护以及传统文化景观的保护产生影响。

简单地把村庄用地当成白纸,要求齐刷刷"画"出"理想"的新农村景象,他们认为"规划就是要推倒重来,就是要把农村建成城市小区那样,才能让村民都过上城里人那样的小康生活"。乡村景观缺乏规范、任务又繁重,再加上时间、经济条件的限制,所做出的规划难免显得粗糙,缺乏分析研究,必然影响对"景观"问题的考虑。修宽马路、建高洋房,似乎成为村镇建设的首选模式。提高人们的生活质量和生活水平,在某种程度上是一种社会进步,但是从乡村景观的可持续发展来看还是远远不够的。

乡村景观规划要突出乡土特色,这是因为乡村景观作为一种风土与文化传承的场所而存在。特别是在中国这样一个具有几千年农耕文明的国度里,乡村景观所附着的风土色彩和蕴含的文化氛围,是任何城市环境都无法代替的。

(三)缺乏环保力度

原有浓荫的大树不见了,河边、池边的自然植被被毫无生气的混凝土驳岸所取代,还出现大面积硬质铺装的广场,这一切不但使乡村失去田园景观特色,还造成生态环境的破坏,有些破坏甚至是不可逆转的。

从乡村景观规划的原则中不难看出,学者把乡村的生态环境作为一个重要因素。但由于片面追求乡村经济的增长,造成对乡村资源的不合理开发与利用,使乡村生态环境遭到不同程度的破坏。大树、河(溪)流、池塘与自然植被等是任何一个乡村地区所固有的特征。然而,乡村大规模的开发建设很少考虑乡村这些所固有的自然元素。

二、乡村景观建设发展中的可行经验

(一)加强乡村景观规划理论建设

乡村景观规划的兴起与发展推动国内乡村景观规划学科的产生,许多专家学者开始从不同的角度对这一领域的理论进行研究。中国乡村景观组成的复杂性为乡村景观规划的理论研究带来很大的难度。结合中国乡村景观的发展现状和特点,给不同类型乡村景观以准确的定位,探索中国乡村景观规划的理论与方法,为乡村景观的规划实践提供科学的理论依据和技术支持,有助于乡村景观的健康有序发展。

(二)完善并传播乡村景观制度

目前,中国实行村镇规划的一套规范和技术标准体系,涉及乡村景观层面的内容非常有限。乡村景观研究还处于起步阶段,规划建设中出现的问题实属正常现象,应进一步制定有关乡村景观规划的法规和政策,作为规划实践中执行的标准。乡村居民大多缺乏正确的景观观念,更不清楚乡村景观规划的相关政策法规。应加强对乡村居民景观价值的宣传和教育,使他们认识到乡村景观规划建设不仅仅是改善生活环境和保护生态环境,更重要的是社会、经济、生态和美学价值与他们自身息息相关。

另外,针对乡村景观建设中出现的一些丑陋现象,如垃圾随处可见、乱搭乱建、村民自行拆旧房建新房等,应该加大管理力度。因此,乡村各级政府需要成立相应的景观监督与管理机构。对影响乡村景观风貌的违章行为和建设加以制止,而且对于建成的乡村景观进行必要的维护与管理,保持良好的乡村田园景观风貌。

(三)乡村景观规划要立足本土

不同地域都有其特殊的自然景观和地方文化,形成不同特色的乡村景观。社会的进步和经济的发展为乡土文化注入新的内涵,没有发展就没有现代文化的产生和传统文化的延续,乡村的更新与发展正好保证乡土文化的延续,同时为新的文化得以注入提供前提。在文化整合的同时,借助乡村景观规划与建设,强调和突出当地景观的特殊性,体现当地的文化内涵,提升乡村景观的吸引力。这不仅可以使乡村重新充满生机和活力,而且对于挖掘乡村景观的经济价值,促进乡村经济结构的转型,发展乡村多种经济是非常有益的。

按照规划先行的原则,统筹城乡发展。规划要尊重自然,尊重历史传统,根据经济、社会、文化、生态等方面的要求进行编制。规划的内容要体现因地制宜的原则,延续原有乡村特色,保护整体景观,体现景观生态、景观资源化和景观美学原则,突出重点,明确时序,适当超前。

(四)乡村景观规划跟踪

从地域范围来看,乡村景观泛指城市景观以外的具有人类聚居及其相关行为的景观空间。

从特征来看,乡村景观是人文景观与自然景观的复合体,具有深远性和宽广性。乡村景观包括农业为主的生产景观和粗放的土地利用景观以及特有的田园文化特征和田园生活方式。

根据多学科的综合观点,从空间分布和时间演进的角度上,

第一章 综 述

乡村景观是一种格局,是历史过程中不同文化时期人类对于自然环境干扰的记录,一方面反映现阶段人类对环境的干扰;另一方面其年代久远,也是人类景观中最具历史价值的遗产。

从构成要素来看,乡村景观是乡村聚落景观、经济景观、文化景观和自然环境景观构成的景观环境综合体。

因此,乡村景观建设是一个长期的过程,需要分层次、分类型、分阶段逐步实施,并在实施过程中警惕一些问题的产生。

第二章 乡村景观研究的基本问题

乡村景观规划,简言之是对乡村地域内的各种景观要素进行整体规划与设计,使乡村景观要素空间分布格局、形态与自然环境中的各种生态过程和人类观瞻协调及和谐统一的一种综合规划方法,其目的是充分实现乡村景观所应具有的生产服务功能、生态功能、文化和美学功能。本章对乡村景观研究的基本概念、相关问题与基本理论进行阐述。

第一节 乡村景观研究的基本概念

一、农村与乡村

(一)农村的含义

"农村"(countryside)与"乡村"(rural area)都是相对城市而言的。对于一般人来说,"农村"与"乡村"是同义词,可以相互通用,没有什么差别。在日常生活中,人们往往更偏爱用"农村"一词,这主要是因为传统意义上的农村是与农业产业紧密联系在一起的,是以农业生产为主体的地域,从事农业生产的人就是农民。长期以来,农村生产力水平十分低下,经济不发达,产业结构以农业为中心,其他行业或部门都直接间接地为农业服务或与农业生产有关,故认为农村就是从事农业生产和农民聚居的地方,把乡村经济和农业相等同。[1]

---

[1] 左大康.现代地理学辞典[M].北京:商务印书馆,1990:697.

《现代汉语词典》中也有类似的定义:"农村"是指以从事农业生产为主的劳动人民聚居的地方。① 这一定义的出发点是把农业产业作为农村赖以存在、发展的前提。没有农业的存在,农村就不称其为农村,农民就不称其为农民。从界定农村的角度分析,这一定义的内涵与外延都缺乏严密性。

20世纪80年代以来,随着社会生产力的发展,城市化水平不断提高,传统农村特征逐渐在转化,农村产业结构已发生深刻变化,农业经济向非农业经济转型,作为农业生产主体的农民,农业已不再是他们生存的唯一选择,一部分并不一定从事农业生产而是从事非农事活动,农村往往是农事活动与非农事活动并存。随着村镇工业的发展以及乡村旅游业等第三产业的出现,在一些经济发达地区的农村,农业产业与从事农业的人口所占的比重越来越少。在这样的情况下,仍旧使用"农村"来界定具有一定的难度与不确定性,使用"乡村"一词则不会存在这些问题。换句话说,用"乡村"来取代"农村",能够更加突出地体现地广人稀地区的多元产业、环境、社会与文化之综合性生活圈的概念,从而与现今的发展现状更加贴近。

(二)乡村的含义

从字面来看,"乡村"是由"乡"和"村"组成的。从社会学的角度来看,"乡"(township)是中国最低一级政权单位,县以下的农村行政区域。"村"(village)则是中国农村中的居民点,多由一个家族聚居而自然形成,居民在当地从事农林牧渔业或手工业生产。虽然"乡"和"村"体现了行政管辖、隶属关系与社会结构的基本单元,但是"乡村"的概念绝不是"乡""村"概念的简单合并。

在王云才看来,乡村应具备以下三个特点:②

(1)乡村土地利用是粗放的,农业和林业等土地利用特征明显。

---

① 中国社会科学院语言研究所词典编辑室编. 现代汉语词典[M]. 北京:商务印书馆,1990:838.

② 王云才. 现代乡村景观旅游规划设计[M]. 青岛:青岛出版社,2003:70.

(2)小和低层次的聚落深刻揭示出建筑物与周围环境所具有的广阔景观相一致的重要关系。

(3)乡村生活的环境与行为质量是广阔景观的有机构成,是特有的乡村生活方式。

乡村景观作为景观科学的一门分支学科,"乡村"是乡村景观研究对象的空间地域范畴和载体,它也是相对于城市空间地域而存在的。只有从规划的编制与实施管理的角度明确城乡之间的地域划分,规划才有明确的地域范围,才具有可操作性。

乡村又称非城市化地区。根据《村庄和集镇规划建设管理条例》(1993)第一章第二条的规定,"在城市规划区内的村庄、集镇规划的制定和实施,依照城市规划法及其实施条例执行。"这就使城市规划区内的乡村地区有了明确的规划方向,这种规定既可以避免资源浪费与重复建设,也符合城市发展的要求。

因此,乡村是一个动态的、历史的概念,可从广义与狭义两个层面来理解。从广义来看,除城镇规划区以外的一切地域都属于乡村。从狭义来看,乡村不包括人类活动较少或没有人类活动的无人区与荒野,即城镇规划区以外的人类聚居的地区。乡村景观规划中的"乡村"与乡村居民的生活环境、生产环境、生态环境密切相关,属于狭义的概念。

总之,无论城市如何扩张,社会如何发展,乡村都将在一定范围内存在,乡村景观规划也从而具有自身的价值。

二、景观与乡村景观

(一)景观

不同学科对景观的研究角度各不相同。此外,在不同的历史时期,景观也有不同的内涵。因此,出于不同的价值判断和对景观的认识、理解的不同,景观的应用方式与范围也各不相同,这就决定了景观研究的复杂性、多元化。

由此可见,景观是复杂的人类活动与自然过程在大地上的烙印,具有相当宽泛的内涵,是多种过程与功能的载体,可从以下几个层面来理解与表现。

(1)符号:一种对人类的过去进行记载,用来表达理想与希望,赖以寄托和认同的精神空间与语言。

(2)生态系统:一个具有外在与内在联系、具有功能与结构的有机系统。

(3)栖居地:人类赖以生存的环境与空间。

(4)风景:视觉审美过程的对象。

(二)乡村景观

农耕文明出现之后,人类社会就进入了原始农业公社,房前屋后出现了果园蔬圃,聚落附近也出现了用于生产性目的的种植场地。从客观层面来看,这就是人类最早的乡村景观。经过多年的演化与发展,人类的聚居、开垦与种植终于使乡村景观刻上了斧凿的痕迹。

最初,地理学家从研究文化景观入手对乡村景观进行系统研究。后来,对乡村景观的研究逐渐扩展到景观生态学、环境资源学、乡村旅游学等不同学科和领域。从景观规划的角度来看,乡村景观是与城市景观相对应的概念,是自然生态景观、生产性景观与乡村聚落景观的综合体,包含生态、生产、生活三个层面,是乡村地区人类与自然环境连续不断相互作用的产物,与乡村的经济、社会、习俗、文化、审美、精神等具有紧密的联系。其中,乡村景观的主体是以农业为主的生产性景观。

三、乡村景观规划

一般来说,乡村景观的发展主要包括三个阶段,即原始乡村景观、传统乡村景观和现代乡村景观。从目前的情况来看,我国人地矛盾突出,正处于由传统乡村景观向现代乡村景观的转变过程中,通过合理的规划实现资源的有效配置,保护乡村的生态环境,挖掘乡村景观的经济价值,营造良好的乡村人居环境,保护乡村景观的文化性与完整性，实现乡村生产、生活、生态三位一体的目标都具有十分重要的意义。

所谓"乡村景观规划"，是指某一地区在一定的时期内进行的发展计划，是当地政府进行的乡村景观风貌建设，主要是利用乡村景观进行村庄经济发展，最终改善乡村生态环境，实现乡村与社会、经济、生态的协调发展。可以说，乡村景观规划是进行乡村建设与乡村管理的重要依据。

第二节　乡村景观研究的相关问题

乡村景观规划包含村镇规划的部分内容，村镇规划同样也包含乡村景观规划的部分内容，两者我中有你，你中有我，具有千丝万缕的联系。因此，乡村景观规划作为一个新兴的规划领域，要想获得良好的发展，必须与现行的村镇规划进行有机衔接，在以下几个方面取得一致。

一、适用范围

村镇规划适用的范围应包括所有村庄和集镇，不包括县城以外的建制镇以及在城市规划区内的村庄和集镇。

乡村景观规划适用的范围是以"乡村"概念界定为依据的，是指非城市化地区，即城镇（包括直辖市、建制市和建制镇）规划区以外的人类聚居的地区，不包括没有人类活动或人类活动较少的荒野和无人区，同样也不包含城市规划区内的村庄、集镇。因此，从范围上两者基本是一致的。

二、规划依据

对于乡村景观规划，理论上应以规划地所处的区域景观规划作为编制依据，但是目前景观规划领域缺乏像城乡规划那样完整的规划体系和技术标准体系，因此在实际的规划实践中没有直接的规划依据。在这种情况下，可以参照县域城镇体系规划、农业区划、土地利用总体规划以及与之相关的专业规划作为乡村景观规划的编制依据。因此，在规划依据上，乡村景观规划与村镇规划是可以统一的。

三、规划阶段

村镇规划分为总体规划和详细规划（建设规划）两个阶段。村镇总体规划是乡级行政区域内村庄和集镇布点规划及相应的各项建设的整体部署，村镇详细规划是单个村庄、集镇的用地布局，以及各自的交通、绿化、供水、供电、邮电、防洪等专项规划。

乡村景观规划分为总体规划和详细规划两个阶段，共涉及三个层次，即区域乡村景观规划、乡村景观总体规划、乡村景观详细规划。

由此可见，乡村景观规划与村镇规划在适用范围、规划依据以及规划阶段上是一致的，这对于乡村景观规划的编制和实施提供了切实可行的操作平台。

第三节 乡村景观研究的基本理论

鉴于乡村景观规划的多目标要求，以及我国乡村景观的现实特殊性和全面实现小康社会乡村发展的内涵，乡村景观规划中所依据的基本理论有四种：景观生态学理论、产业布局理论、可持续发展理论、景观美学理论。

一、景观生态学理论

景观生态学作为研究景观单元的类型组成、空间配置及其与生态学过程相互作用的综合性学科，其主要目的之一是理解景观单元的空间结构如何影响生态学过程。由于乡村景观规划强调人类与自然的协调性，并且将乡村景观规划与设计可能带来的生态学后果作为检验其合理性的一个主要检验标准,因此景观生态学理论为乡村景观规划设计提供了一个坚实的理论基础。同时,景观生态学还为乡村景观规划与设计提供了一系列方法、工具和资料。

(一)景观格局、过程与功能的原理

景观格局与生态学过程和区域功能密切相关。景观格局通常是指景观的空间结构特征,包括景观组成单元的多样性和空间配置。乡村景观规划可以通过对景观格局的合理布局,实现各景观单元之间的生态过程耦合及景观系统功能的总体优化,具体内容主要包括对景观单元中的斑块、廊道、基质、网络的规划设计。

1. 斑块的基本功能与原理

一般而言,景观格局中的空间斑块的特征,对景观功能,特别是对生态学过程具有重要影响。岛屿生物地理学认为,生物物种多样性与斑块的面积密切相关,一般而言,物种多样性随着斑块的面积增加而增加。在现实景观中,各种大小斑块往往同时存在,其呈现的生态学功能有明显的差异。一般认为,大斑块对地下蓄水层和湖泊水面的水质有保护作用,有利于生境敏感物种的生存,为景观中其他组成部分提供种源,能维持更贴近自然的泛生态干扰体系,而小斑块可以作为物种传播以及物种局部绝灭后重新定居的生境和"脚踏石",可以增加景观连接度,为许多边缘种、小型生物类群和一些稀有种提供生境。

斑块结构特征对生态系统过程有较大的影响,主要表现在对生态系统的生产力、养分循环和水土流失等过程上。例如,斑块边缘(或地理界面)常常是水土流失或土地退化比较严重的地区,成为经济发展的一种界面,如沿太行山山麓地带的经济发展带等(从宏观尺度上考虑);靠近工业的斑块边缘部分最容易受到污染等。

斑块的形状对景观的生态学功能或过程也有一定的影响。

斑块的形状可以用长宽比、周界面积比和分维数来描述。一般地,自然过程所形成的斑块常呈不规则的复杂形状,其形状比较松散,而人工斑块往往表现出较为规则的几何形状,其形状比较紧密。根据形状和功能的一般原理,紧密型斑块容易保存能量、养分和生物,松散型斑块其内部与外围环境的交互作用较强,斑块的形状变化也比较频繁。

景观中斑块的数目对景观格局的生态过程有着比较大的影响。从一定意义上来说,增加一个自然斑块,就意味着一个动物栖息地的消失,从而减少景观或物种的多样性及某一物种的种群数量。一般而言,两个大型的自然斑块是保护某一物种所必需的最低斑块数目,4~5个同类型斑块对维护物种长期健康与安全较为理想。斑块作为生境或栖息地而保护时,必须充分考察斑块本身的属性,包括物种丰富性和稀有性,同时也要考察其在整体景观格局中的位置和作用,这是因为景观中的某些关键性的位置,对它们的占领和改变可以对控制生态过程产生异常重要的作用。

2. 廊道的基本功能原理

廊道在景观格局中起着非常重要的作用,按照其主要功能,可以归结为以下四个方面。

(1)作为生境形式出现,如河边生态系统和防护林带。

(2)作为传输的通道,如动物迁徙通道以及道路的通行功能等。

(3)具有过滤与阻抑制的作用,如道路、防风林道及其他植被廊道对能量、物质和生物(个体)流在穿越时的过滤和阻截作用。

(4)作为能量、物质和生物的源和汇,影响着区域小气候特征。

廊道所具有的基本功能,决定了其在景观过程中的作用和地位。在景观改变中,对廊道的建设和保护应予以充分的重视。考虑的因素包括以下几个方面。

(1)廊道的连续性

由于人类活动对自然景观的分割,使景观功能流受阻,而连续的廊道可以加强孤立斑块之间及斑块与种源之间的联系,促进物种的空间运动和孤立斑块内物种的生存和延续。另外,作为公路等生产、生活运输通道,需要高度的连续性,以方便人们的生活和生产。但必须注意到的是,廊道是一个比较危险的景观结构,一是可以引进一些某些残存物种的天敌,造成物种的丧失;二是一些公路和高压线路作为人类生产和生活重要的运输通道,可能对生物的迁徙造成阻挡。因此在景观规划中,必须视具体情况设置或改造廊道,以充分发挥其功能,减少其危害。

(2)廊道的数目

从保护生物的角度来看,如果廊道有益于物种空间运动和物种的维持或保护,一般意义上,在不破坏整体景观结构和功能以及实际情况允许的情况下,廊道愈多愈善,可以减少物种被截流和分割。对具有生产意义、但对物种生境产生负面影响的廊道,在对人们生活生产不造成影响的情况下,应该尽量减少其数目,或改进其设计,降低其对生物的阻截或对生境的分割,保护物种或生境。

(3)廊道的构成

廊道的构成主要是指廊道的生物构成。第一,作为联系保护区斑块的廊道,其植物成分应该主要由乡土植物组成,并要与作为保护对象的残留斑块相近。第二,作为人们生产和生活的运输通道,如公路,其两旁的植被,无论从保护的角度,还是从经济的角度,也应以乡土植物为主,尽量减少外来植被物种,特别是对乡土植被物种和特殊环境形成较大危害的外来植物。

(4)廊道的宽度

作为生境和生物传播或迁徙途径的廊道,如果达不到一定的宽度,不但起不到保护对象的作用,还有可能为外来种的入侵提供条件。一般而言,对于动物的运动而言,一两千米宽比较合适,但对大型动物则需十到几十千米宽。

(二)景观结构原理

1. 景观阻力原理

景观阻力是指景观对生态流速率的影响。产生景观阻力的原因是由于景观元素在空间上的异质性分布,特别是某些障碍性或导流性结构的存在和分布。随着跨越各种景观边界的频数以及穿越的长度的增加,景观阻力相应加大。同时,景观的异质性将产生不同的景观阻力,景观异质性越大,景观阻力越大。如对动物空间运动来讲,森林和草地比建成区的阻力小;对城市扩展来说,平原将比山岳的景观阻力小。

2. 景观质地原理

对于景观功能来讲,理想的景观质地应该是粗纹理中间杂一些细纹理,即景观中既有大的斑块,又有小的斑块,两者在功能上有互补效应。景观质地的粗细用景观中所有斑块的平均直径来衡量。在一个粗质地的景观中,虽然有涵养水源和保护林内物种所必需的大型自然植被镶嵌,或集约化的大型工业、农耕地和城市建成区斑块,但景观的多样性不够,不利于某些需要两个生境物种的生存。相反,细质地景观不可能有林内物种所必需的核心区,尽管在局部可与临近景观构成对比而增加多样性,但在整体景观尺度上则缺乏多样性,使景观趋于单调。

(三)景观总体格局原理

在景观结构与功能关系的一般原理之上,弗曼(Forman)等提出了两个景观总体格局模式。

1. 不可替代格局

景观规划中作为第一优先保护或建设的格局如下。
(1)几个大型的自然植被斑块作为水源、涵养、净化空气所必需的自然地。

(2)有足够宽的廊道用以保护水系和满足物种空间运动的需要。

(3)在开发区或建成区有一些自然斑块和廊道,保证景观的异质性。

2. 最优景观格局

在生态学上,被认为最优的景观格局为"集聚间有离析"模式。这一模式首先是将土地利用景观进行分类集聚,并在开发区和建成区保留或建设小的自然斑块,同时沿主要自然边界地带分布一些人类活动的"飞地"。该模式具有以下七个方面的景观生态学意义。

(1)保留了生态学上具有不可替代意义的大型自然植被斑块,用以涵养水源、保护稀有生物。

(2)景观质地满足大中有小的原则。

(3)风险分担。

(4)遗传多样性得以维持。

(5)形成边界过渡带,减少边界阻力。

(6)小型斑块的优势得以发挥。

(7)有自然植被的廊道有利于物种的空间运动,在小尺度上形成的道路交通网方便人们生产和生活的需要。

"集聚间有离析"的景观格局模式具有许多生态优越性,同时也能够满足人类活动的需要。边界地带的"飞地"可以为居民提供游憩度假和隐居机会;细质地景观局部为居民生产、生活区,同时也可以提供丰富多彩的视觉空间。

(四)集中与分散原理

集中与分散原理是进行乡村景观规划的主要理论。该原理认为,土地利用在景观和区域上的生态最佳配置应该是土地利用集中布局,一些小的自然斑块与廊道散布于整个景观中,同时人类活动在空间上沿大斑块的边界散布。土地利用集中布局,使得景观整体呈粗粒结构,可以保持景观总体结构的多样性和稳定性,有利于作业专业化和区域化,并可抵御自然干扰和保护内部物种。小斑块和廊道,可提高立地多样性,有利于基因与物种多样性的保护,并可为严重干扰提供风险扩散。大斑块之间的边界区,是粗粒景观中的细粒区,这些细粒的廊道和节点对多生境物种(包括人类)来说是非常有用的。因此,景观上的这种大集中与小分散相结合的模型,具有多种生态优势和方便于人类活动安排,是乡村景观空间布局的主要方法之一。

(五)景观安全格局原理

伊安·麦克哈格(Ian McHarg)在其《设计结合自然》一书中,系统地提出了尊重自然过程进行景观改变的设计思想,并在世界范围内广泛应用。各种景观类型在景观中代表着不同的生态过程和功能。针对一个景观来讲,维护生态过程和改善生态功能,首先要求分析景观的过程和机制,甄别各种景观单元在整体生态功能中的作用和地位;其次在景观改变中对于维持生态过程特别重要的景观单元予以保护或加强。这是因为,土地是非常有限的,在景观改变中,如要维护特定景观所具有的过程和功能是不可能的,也没有必要使用大量的土地维护、加强或控制某种过程。如何用尽可能少的土地来最有效地维护、加强或控制景观特定的过程,是景观改变中一个关键性的问题。

景观安全格局的理论和方法的提出,为上述问题的解决提供了方法和理论支持。景观安全格局原理认为,不论景观是均相还是异相,景观中的各点位对生态过程并不是同等重要,其中一些战略性的组分及其相互之间的空间联系构成安全格局,对景观过程和功能有着至关重要的作用和影响。在一个景观中,一些景观安全格局组分可以凭经验直接判断,如一个盆地的水口、廊道的断裂处或瓶颈、河流交汇处的分水岭。而另一些无法凭经验判断,但可以从以下三个方面进行考虑。

(1)是否有利于对全局和局部的景观控制。

(2)是否有利于在孤立景观元素之间建立空间联系。

(3)一旦改变,是否对全局或局部景观在物质和能量的效率和经济性以及景观资源保护和利用方面产生重大影响。

实质上,景观安全理论强调通过控制景观或区域中关键点和局部或空间关系,在不同层次上维护、加强或控制景观中的某些过程。按照在景观中维护、加强或控制的过程或目标,景观安全格局可分为生态安全格局、视觉安全格局和文化安全格局等。而根据景观或区域的主导景观过程分析,可以进行景观安全格局的分析和设计。判别景观安全格局有赖于安全指标的确定,如生态保护过程中的最小面积、最低安全标准、最小阻力曲线的门槛值等。

二、产业布局理论

区域经济学不仅要研究生产什么、生产多少和为谁生产等一般社会经济问题,而且更关注经济和生产活动的空间问题。区位理论是区域经济学和产业布局理论的核心内容之一。所谓区位,即为某一主体或事物所占据的场所,是自然地理条件、经济区位和交通区位在空间地域上的具体表现。区位理论是进行乡村景观功能布局和规划的重要依据之一。

(一)农业区位论

农业区位论的创始人冯·屠能在1826年发表的《孤立国》中,阐述了农业土地利用的布局思想。冯·屠能在进行基本经济分析时,对孤立国进行几条假设:唯一城市位于中央;农业土地经营方式与农业部门地域分布,随距离城市市场远近而变化,其变化取决于运费的大小;市场的农产品价格、农业劳动者的工资、资本利息在孤立国中均等;农业区内土地均质,适宜农牧业的发展,农业区外为荒地只宜于狩猎;交通费用与市场距离成反比等。在上述假设的基础上,冯·屠能分析了农业土地利用布局特征,提出了著名的农业圈层理论(屠能圈),即将孤立国划分成六个围绕城市中心呈向心环带的农业圈层,每一圈都具有特定的农作制度。

第一圈为自由农作圈,为距离城市(或消费中心)最近的圈层,主要提供容易腐烂且难以运输的农产品,如鲜花、蔬菜、水果、牛奶等,经营特点为高度集约经营;第二圈层为林业圈,为城市居民提供薪炭以及建筑和家具等用材;第三圈层为轮作农业圈,主要提供谷物,谷物和饲料作物轮作,没有休闲地,农作比较集约,地力消耗严重;第四圈层为谷田轮作层,主要提供谷物和畜产品,谷物、牧草和休闲地轮作,经营比较粗放,是圈层中面积最大的一个;五圈层为三圃式轮作层,即谷物、牧草、休闲各 1/3,为谷物种植的最外层,主要提供畜产品,耕作粗放;第六圈层为畜牧圈,大量的土地用来放牧或种植牧草,为城市居民提供牲畜和奶酪,所种植的谷物仅是满足农民自己食用,不提供给市场。

由于屠能圈为理想状态下的圈层分布,如自然条件一致,只有一个城市中心(或消费中心)等,这种情况在现实世界中并不存在;如假设条件中的一种条件或多种条件发生变化,农业土地利用布局所表现的圈层结构就会发生很大的变化。例如,由于交通和技术条件的变化,园艺和蔬菜用地可以远离城市中心,而让位于其他土地收益比较高的土地利用等。尽管如此,冯·屠能的农业区位理论从本质上揭示了农业土地利用的本质,揭示了农业土地利用布局与离居民点和交通要道的距离关系,以及种植该作物的土地收益和集约利用状况的关系,对于指导乡村土地利用结构布局和景观规划具有指导意义。

(二)工业区位理论

工业区位理论奠基人德国经济学家阿尔弗雷德·韦伯(Alfred Weber)在 1909 年发表的《区位原理》中阐述了工业区位论的基本原理。它的前提是仅探讨工业区位的经济因素,其核心是在自然背景条件一致的情况下,影响工业布局的经济因素主要包括运费、劳动力和经济聚集三个方面,其中交通(运费)起着决定性的作用。相应地,他提出了三个重要的工业区位论法则,即运输区位法则、劳动力区位法则和集聚法则。

1. 运输区位法则

运输区位法则认为,企业生产成本最低的地点是运费最少的地点,工业的最佳区位是由原料、燃料和消费地的分布所决定的运输费用所决定的。当三者分布重合时,最佳工业区位为三者的重合点,但当多个原料、燃料产地和消费地不重合时,工业区位则为一个多边形,其最佳区位则为多边形内的最小运费点。

2. 劳动力区位法则

劳动力区位法则认为,当原材料和成本的追加运费小于节省下来的劳动力费用时,企业的区位选择将离开或放弃运费最小的地点,转向劳动力价格比较低廉的地区。

3. 集聚法则

集聚法则认为,如果企业因集聚所节省下来的费用大于离开运输费用或劳动力费用最小的位置所追加的费用,则其区位由集聚因素所决定。韦伯的工业区位理论是建立在运输费用的基础上,运用纯经济区位分析,推导出工业区位模式的。尽管对现代工业区位模式,特别是对现代中国乡村工业化的区位模式具有一定的实践意义,但由于其排除了特定社会制度和自然背景下的非经济因素对工业布局的影响,而且仅从单个企业的费用发生行为确定其区位点,所以对于指导区域性的工业布局具有明显的局限性。

(三)中心地理论

德国地理学家克里斯·泰勒(Wakter Christaller)在1933年出版的《德国南部的中心地》一书中,系统地阐明了中心地的数量、规模和分布模式,建立了中心地理论。中心地理论是近代区位论的核心部分。中心地理论认为,所谓的中心地是指区域内向其周围地域居民点居民提供各种货物和服务的中心居民点,其职能主要以商业、服务业方面的活动为主,同时还包括社会、文化等方面的活动,不包括中心地的制造业方面的活动。中心地职能的作用大小可用"中心性"或"中心度"来衡量。所谓的"中心性"或"中心度"可以理解为一个中心地对周围地区的影响程度,或中心地职能的空间大小。

中心地理论认为,中心地在空间上遵循等级序列的规律,在一定区域内,中心居民点作为中心地向周围地区提供商品和服务,其规模和级别与其服务半径成正比,与其数量成反比,规模大、级别高的中心地含有多个较低级的中心地。对于理想状态的中心地模式,如在一个平原地区,各处自然环境、资源禀赋和人口分布均一,人们的生产技能和经济收入无差别,并按照就近购物的原则等,其在区域内的最初分布为均匀的,其服务半径为圆形。在非理想状态下,对于在市场作用明显的地区,中心地分布按照最有利于物质销售的原则,可以形成合理的市场区。一般而言,一个高级中心地的服务能力可以辐射到相邻的 6 个次一级的中心地,所拥有的市场范围相当于 3 个次一级的中心地。假定以 K 代表高一级的中心地所支配的下一级中心地市场范围的总个数,便构成 $K=3$ 系统中心地的等级序列的空间模式。对于在交通作用明显的地区,按照便于交通的原则,各级中心地均应分布在上一级中心地六边形边界的中心处,一个高级中心地相当于 4 个次一级中心地,构成 $K=4$ 系统中心地等级序列的空间模式。对于行政管理起主导作用的地区,按照便于管理和市场区不分割行政区的基本原则,中心地体系在空间上呈现 $K=7$ 的中心地等级序列模式,也即高一级的中心地相当于 7 个次一级中心地,中心地呈现巢状化的空间分布模式。这种中心地体系,是一种自给自足的封闭体系,居民购物的出行距离最长,交通系统也最不方便。

中心地理论提出了在不同作用机制下中心地等级序列的空

间分布理想模式,为研究中心地的空间分布模式和相关的经济和市场行为提供了理论基础和依据,并为不同等级中心地的空间配置提供了理论参考,目前已经被广泛地应用到城乡居民点体系和土地利用规划中。尽管如此,中心地理论还有许多缺陷,如中心地理论假设了许多前提条件,而且没有考虑社会方面的因素,以及城乡居民点的历史演变过程和未来发展趋势,所提出的中心地等级序列模式是一种比较理想的状态,实际上很难发现其提出的中心地空间模式。如在经济不发达的地区,由于居民收入低,交通通勤半径小,如果要使居民在所承受的交通费用条件下能得到服务,就得缩短中心地间的距离,这样中心地的数目要相应增加;相反经济发达的平原地区,因收入高,交通通勤半径大,中心地的数目将相应减少,在上述情况下,中心地体系将不同于中心地理论所推导的是一个完整有序的等级结构。

(四)市场区位理论

德国经济学家廖什(A. Losvh)在1939年出版的《经济的空间秩序》一书及其后的第二版(改名为《经济区位论》)中,发展了克氏中心地理论,系统地建立了市场区位理论。市场区位理论认为,由于产品的价格随距离增大而增大(产地价格加运费),造成需求量的递减,因而单个企业的市场区最初是以产地为圆心,以最大销售距离为半径的圆形。通过自由竞争,圆形市场被挤压,最后形成六边形产业市场区,构成整个区域以六边形地域细胞为单元的市场网络。市场网络在竞争中不断调整,会出现两种地域的分异,即在各市场区的集结点随着总需求的滚动增大逐步形成一个大城市,而且所有的市场网又都交织在大城市周围;在大城市形成后,交通线将发挥重要的作用,距交通线近的扇面具有有利条件,而距交通线远的扇面则不利,工商业配置大为减少,形成近郊经济密度的稠密区和稀疏区,从整体上构成一个广阔地域范围内的经济景观。

(五)区域经济模型

根据现代区位理论的研究成果,区位是在自然、社会、经济和技术,乃至人文等诸多方面的因素综合影响形成的。因此,现代区位理论认为,产业分布作为社会生产力运动的空间形式,表现为生产要素在区域间的组合、资源要素的流动与配置、产业的崛起与成长、产业群体的聚集与扩散等众多方面。在经济发展过程中,由于不同经济区域所拥有的静态资源(如矿产)和动态资源(如资金和技术等)不同,形成不同区域经济优势的差异。在生产力水平低、技术利用程度不高的时期,拥有丰裕静态资源的区域占有较大的优势,人们可以通过粗放经营方式开发利用这类资源,较快地建立相应的产业,取得先期效益。但是,随着经济发展、技术进步、制度与组织创新和贸易的发展,将使各区域的资源要素的区位成本和相对优势发生转移。产业的聚集与扩散是现代产业经济活动在空间结构上的对立统一。在宏观上,产业聚集和扩散相互依存、相互制约、循环演变、交替发展。在"聚集—扩散—再聚集—再扩散"的演变链中,聚集因素起主导作用,但由于过度聚集引起的负效应,以及技术进步所引起的扩散成本大幅度降低,过度聚集会走向分散,这种扩散主要呈现出一种梯度扩散模式。从总体趋势上,广大的乡村地区将承接这种产业扩散,对于带动城乡经济的一体化发展极为有利,但必须密切注意产业向乡村地区扩散过程中所带来的诸如景观破坏、生态恶化的负面效应,需要谋求一种乡村可持续发展之路。

三、可持续发展理论

可持续发展的概念来源于生态学,最初应用于林业和渔业,主要是指对于资源的一种管理战略,即如何仅将全部资源中合理的一部分加以收获,使得资源不受破坏,而新增长的资源数量足以弥补所收获的数量。随后,这一理念被广泛地应用到农业和生物圈,而且不限于考虑一种资源的情况。可持续发展与传统的发展有明显的不同,主要体现在以下五个方面。

(1)在生产上,要把生产成本同其所造成的环境后果同时考虑。

(2)在经济上,把眼前利益同长远利益结合起来综合考虑,在计算经济成本时把环境损害作为成本计算。

(3)在哲学上,在"人定胜天"与"人是自然的奴隶"之间,选择人与自然和谐共处的哲学思想,类似于中国古代的"天人合一"。

(4)在社会学上,认为环境意识是一个高层次的文明,要通过公约、法规、文化、道德等多种途径,保护人类赖以生存的自然基础。

(5)在生产目标上,不是单纯以生产的高速增长为目标,而是谋求供求平衡的可持续发展。

因此,从总体上来讲,可持续发展概念从环境和自然资源角度提出了关于人类长期发展的战略和模式,它不是一般意义上所指出的一个发展进程在时间上连续运行、不被中断,而是特别指出环境和自然资源的长期承载能力对发展进程的重要性,以及发展对改善生活质量的重要性。可持续发展概念从理论上结束了长期以来把发展经济同保护环境与资源相互对立起来的错误发展思路,明确指出,经济发展与资源和环境保护是相互联系、互为因果的。作为人类生存和发展方式的可持续发展,要真正得以有效的实施,即在社会发展、文化保存和进化、经济发展、生态环境保护和资源集约利用方面形成一个有效协调的运行机制,必须遵循公平性、可持续性、多样性、协调性和社会可接受性原则。

(一)公平性原则

可持续发展的公平性原则包括以下三个方面。

(1)本代人的公平性,即同代人的横向公平性。可持续发展要满足全体人们的需求和他们要求较好生活的愿望。

(2)代际间的公平,即世代人之间纵向公平性。要认识到人类赖以生存的自然资源是有限的,本代人不能因为自己的发展需求而损害人类世世代代满足需求的条件——自然资源与环境。

(3)公平分配有限的资源。

(二)可持续性原则

可持续性是可持续发展的核心。可持续性主要是针对经济和社会发展中的资源环境问题而言的,可以理解为保持或延长资源的生产使用性和资源基础的完整性,使自然资源永远为人类所利用,不至于因其耗竭而影响后代人的生产与生活。可持续性原则要求使用一种有机生态系统,或其他可再生资源在其可再生能力范围内,必须维持基本的生态过程和生命支持系统,保护基因、物种和景观多样性,可持续地利用物种和资源,保护和合理使用大气、水和土地,不造成退化等。

(三)多样性原则

可持续发展的多样性原则主要包括以下两个方面。

(1)从自然的角度维护生物多样性。保护生物多样性必须从三个层次上进行考虑,即景观多样性、物种多样性和基因多样性,三者相辅相成,相互联系。

(2)保存社会和文化的多样性。目前,社会经济发展正朝着趋同性方向发展,对文化、风俗的保存提出了严峻的挑战,保护和维持社会、文化、风俗等多样性已经成为可持续发展中的重要内容。随着我国大规模的城市和村镇改造,许多文化景观遭到严重的破坏,对文化、风俗延续产生不利的影响,而且建筑风格趋同化,古城风貌不存,对民俗风情旅游业发展已产生负面影响。

(四)协调性原则

从一定程度上来讲,可持续发展追求的是人与环境、人与人(当代和后代之间)的一种协调关系,协调性原则是可持续发展的一个基本原则。通常认为,发展受三个方面因素的制约:一是经济因素,即要求效益超过成本,或至少与成本平衡;二是社会因素,要求不违反基于传统、伦理、宗教、习惯等形成的一个民族和一个国家的社会准则,即发展必须保持在社会反对改变的忍耐力之内;三是生态因素,要求保持好各种陆地和水体的生态系统、农业生态系统等生命支持系统以及有关过程的动态平衡。生态因素的限制是最基本的。发展必须以保护自然和环境为基础。选择可持续发展模式,必须综合考虑各方面的因素,在注重经济快速发展的同时,必须对自然和环境予以充分的考虑,使经济发展和资源保护的关系始终处于平衡或协调状态,也就是说要协调好人与自然的关系。

(五)社会可接受性原则

社会可接受性是衡量发展战略是否能够顺利实施的问题所在。任何脱离实际的、不能被社会所接受的发展战略,其最终结果只是一种理想,而不能付诸实际行动。确保可持续发展社会可接受性的关键在于公众的广泛参与,这已经成为可持续发展战略制定和实施中的一个重要步骤。正如《中国 21 世纪议程》中指出:"公众、团体和组织参与的方式和参与的程度,将决定可持续发展目标实现的进程。"可持续发展的公众参与作用巨大,一是通过公众参与可以确保可持续发展的公平性,能够得到公众的广泛认同,并积极地参与到实施可持续发展战略的有关行动和项目中去;二是可促进公众改变自己的思想,建立可持续发展的观念,使自己的行为方式符合可持续发展的要求。

四、景观美学理论

乡村景观不同于城市景观,它既具有自然美学价值又具有文化美学价值,在整体规划上必须符合美学的一般原则。

(一)一般美学原则

在设计中,通过景观改变更好地体现乡村景观美学功能,要遵循一般美学原则,最大限度地维护、加强或重塑乡村景观的形式美。一般美学原则，主要包括统一、均衡、韵律、比例、尺度等几个方面。

1. 统一原则

统一是一条为人们所公认的艺术评论准则。对于乡村景观而言，由于其功能的多样性和结构的复杂性，在形式上出现多样化是必然的，但依据其构成景观的单元性质而言，大致存在两种极端的状态，即相互异质和相互同质。相互异质表明不存在相同或共有的元素，由此可能导致整体混乱。相互同质表明构成因素具有相同的因素，同质太多将走向单调和呆板。乡村景观多样化的统一，在变化中有统一，统一中有变化，是统一性原则在乡村景观改变和规划设计中应用的一个核心。

2. 均衡原则

均衡是一种存在于一切造型艺术中的普遍特性，它创造了宁静，防止了混乱和不稳定，具有一种无形的控制力，给人以安定而舒适的感受。人们通过视觉均衡感可以获得心理平衡。均衡感的产生来自于均衡中心的确定和其他因素对中心的呼应。由于均衡中心具有不可替代的控制和组织作用，在乡村景观规划设计上必须强调这一点，只有当均衡中心建立起一目了然的优势地位，所有的构成要素才会建立起相应的对应关系。

3. 韵律原则

韵律是乡村景观元素有规律重复的一种属性，由此可以产生强烈的方向感和运动感，引导人们的视线与行走方向，使人们不仅产生连续感，而且期待着连续感所带来的惊喜。

在乡村景观中，韵律由非常具体的景观要素所组成，它是把任何一种片段感受加以图案化的最可靠的手段之一，它可将众多景观要素组织起来并加以简化，从而使人们"记忆"，产生视觉上的运动节奏。具有韵律感的组合对人们的视线及活动具有较大的引导力。

4. 比例原则

比例是指存在于整体与局部之间的合乎逻辑的关系,是一种用于协调尺寸关系的手段,强调的是整体与部分、部分与部分的相互关系。当一个乡村景观构图在整体和部分尺寸之间能够找到相同的比值关系时,便可产生和谐、协调的视觉形象。在造型艺术中,最经典的比例是黄金分割,即整体边长与局部边长比为 0.618。但在景观空间规划设计中,常用多种方式处理景观要素的比例问题,其中最为常用的一种是用圆形、正三角形、正方形等几何图形的简明又肯定的比例关系,调整和控制景观空间的外轮廓线以及各部分主要分割线的控制点,使整体与局部之间建立起协调、匀称、统一的比例。

(二)自然景观的美学特征

从某种程度上讲,任何一种自然景观都有潜在的美学价值,只要与人(个人和群体)的感应"相谐"或者与人的文化"相融",其美学价值就能充分地表现出来。按安特罗普(Antrop)的总结,自然景观具有以下特征。

(1)合适的空间尺度。

(2)景观结构的适量有序化(有序化是对景观要素组合关系和人类认知的一种表达,适量的有序化而不要太规整,可使得景观生动)。

(3)多样性和变化性,即景观类型的多样性和时空动态的变化性。

(4)清洁性,即景观系统的清鲜、洁净和健康。

(5)安静性,即景观的静谧、幽美。

(6)运动性,包括景观的可达性和生物在其中的自由移动。

(7)持续性和自然性。

随着工业、能源、交通运输等事业的迅速发展,景观资源同其他自然资源一样,遭到严重的破坏。环境的视觉污染也与环境的其他污染一样,越来越严重地威胁着人们的身心健康。随着人类对其居住环境质量的重视,人们对景观资源保护和防治视觉污染的意识程度越来越高,英、美等发达国家已经采取了相关的措施,从20世纪60年代中期到70年代初期,一系列明确提出和强调保护景观美学资源的法令相继产生,如美国国会通过的《野地法》(1964)、《国家环境政策法》(1969)、《海岸管理法》(1972)和英国1968年通过的《乡村法》,标志着长期以来为人享用但不被人珍惜的景观美学资源,将与其他有经济价值的自然资源一样,在法律上予以保护。但由于初期景观美学资源往往缺乏价值衡量标准,在实际运作过程中遇到许多问题,从而刺激了科学景观美学研究的发展,相继出现了景观资源管理系统,如美国林务局的风景管理系统 VMS(Visual Management System)、美国土地管理局的风景资源管理 VRM(Visual Resources Management)等,为景观美学资源的评价和保护提供了科学的方法论。

(三)人文景观的美学特征

人文景观是人类的精神、价值和美学观念叠加在自然景观上的结果,它反映了人与自然环境间的相互作用,是既可认知又不可认知的复杂现象。人文景观通常是由细粒斑块镶嵌而成,结构复杂。在细小的斑块内,许多自然形态的林地、草地已完全地方化,并被多种方式利用,在不知不觉中渗透了当地的文化和历史内涵。

人文景观作为人文活动与自然环境交互形成的产物,它具有特有的物种、格局和过程的组合,主要表现在景观破碎度高,质地均匀,有更多的直线性结构。这种景观相当脆弱,极容易遭到破坏,必须在人为管理下才能得以维持。因此,人文景观中保留了各历史时期内的人类活动遗迹,经现代人的智力加工可形成丰富的具有地方色彩的社会精神文化,由此,许多重要的旅游景点都是人文景观,人文景观较单纯的自然景观要多出许多。

第三章 乡村景观的分类

景观分类是进行景观科学研究的基础,为景观规划、管理等工作提供了前提。研究乡村景观分类的目的在于客观地揭示乡村景观的特征和结构,为乡村景观规划奠定基础。因此,建立全面、客观的乡村景观分类系统,具有很强的现实意义。

第一节 景观分类方法

从不同的角度入手研究景观分类的方法会得出不同的结果,至今尚未有统一的划分原则。不同的学科从各自研究的角度对景观进行分类,并根据研究目标和研究对象而加以区别。

一、国外景观分类方法

(一)纳韦的景观分类

纳韦(Naveh)认为将能量、物质和信息作为景观系统分类的根据,更有利于把握分类的本质。他把能量划分为太阳能和化石能,将物质划分为自然有机物和人造事物,把信息分为生物与自然信息、自然控制与文化信息,以及人为控制信息。根据这些指标,纳韦把景观分为三大类,即开放景观(包括自然景观、半自然景观、半农业景观和农业景观)、建筑景观(包括村庄景观、城郊景观和城市工业景观)和文化景观(图3-1)。

第三章 乡村景观的分类

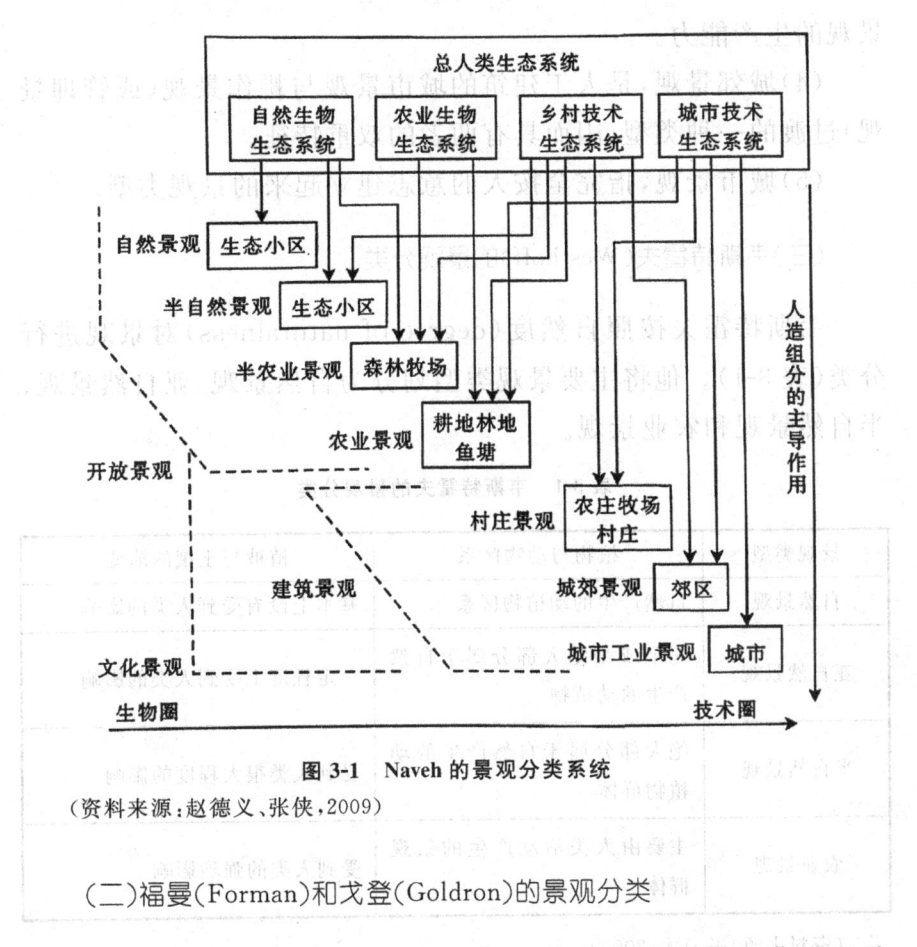

图 3-1 Naveh 的景观分类系统
(资料来源:赵德义、张侠,2009)

(二)福曼(Forman)和戈登(Goldron)的景观分类

按人类对自然景观的干扰程度,福曼和戈登将景观分为五种类型。

(1)自然景观,指没有受到人类任何干扰的景观。这种自然景观只具有相对的意义,因为地球上完全不受人类干扰的景观已寥寥无几,只是人类的干扰并没有改变自然景观的性质。

(2)管理景观,指人类可以收获的林地与草地。

(3)耕作景观,指种植的农田以及相伴的乡村、树篱、道路、水塘等形成的景观。该景观在人类的发展史中具有极为重要的意义。与管理景观明显的区别在于景观格局的几何化,大量的直线形的边界取代了天然的曲线形边界,斑块的密度大幅度增加,优势度降低。种植的作物多为人工培育的品种,因而大幅度提高了

· 43 ·

景观的生产能力。

(4)城郊景观,是人工建筑的城市景观与耕作景观(或管理景观)过渡的一种类型,因而具有两者的双重特征。

(5)城市景观,指完全按人的意志建立起来的景观类型。

(三)韦斯特霍夫(Westhoff)的景观分类

韦斯特霍夫按照自然度(degree of naturalness)对景观进行分类(表 3-1)。他将主要景观类型划分为自然景观、亚自然景观、半自然景观和农业景观。

表 3-1　韦斯特霍夫的景观分类

景观类型	植物与动物区系	植被与土壤的演变
自然景观	自然产生的动植物区系	基本上没有受到人类的影响
亚自然景观	完全或是绝大部分属于自然产生的动植物	一定程度上受到人类的影响
半自然景观	绝大部分属于自然产生的动植物群体	受到人类很大程度的影响
农业景观	主要由人类活动产生的景观群体	受到人类的强烈影响

(资料来源:王云才,2003)

(四)其他学者的景观分类

景观生态学思想的发展为土地景观分类提供了理论依据。20 世纪 30 年代,美国人 J. O. 微奇(Veatch)、英国人 R. 波纳(Bourne)和 G. 米纳(Milne)等为早期的土地景观分类做出了重要的贡献。

微奇提出了"自然土地类型"的概念,认为自然土地类型应由各种自然要素组成,如气候、地质构造形态、地文区域、地形、植被、动物和土壤。微奇把地形和土壤作为划分土地类型的主要根据,认为自然土地类型由土壤类型和地形特征(如丘陵、盆地、湖泊、沼泽及各种坡度的比例)的各种组合所构成。

R. 波纳发展了不同等级土地单位的思想,提出了地文区、单元区和单元立地的三级分类系统。

德国景观生态学先驱 S. 帕萨格(Passarge)在《比较景观学》(1921)一书中把景观划分为大小不同的等级。等级由低到高为景观要素(如斜坡、草地、谷地、池塘、沙丘等)→小区(部分景观)→景观→景观区域(如德国北部平原)→大区(如中欧森林)→景观带。

经过几十年的发展,土地分类内容不断扩展,方法层出不穷。20世纪七八十年代,澳大利亚提出了土地系统、土地单元和土地立地的三级土地基本单位。英国的土地调查和土地分类,则以土地片(land facet)为重要单位。土地片相当于澳大利亚的土地单元。由土地片组合成土地系统,而最低单位,是土地要素(land element)。1978年,C. W. 米彻尔(Mitcheu)提出了一个8级土地单位系统。在此基础上,1979年米彻尔又提出一个10级的土地等级系统,包括土地带、土地大区、土地省、土地区、土地系统、土地链、土地片、土地丛、土地亚片和土地要素。加拿大建立了一个六级生态土地分类系统,包括生态省(eco-province)、生态区(eco-region)、生态县(eco-district)、生态组(eco-section)、生态立地(eco-site)和生态要素。在荷兰,祖奈维德(Zonneveld)提出在区域自然单元(共同的地质和地貌过程以及共同的区域气候)下,将土地等级系统划分为:土地系统组合(又称主景观)、土地系统、土地片和生态地境(ecotope)。生态地境是最低同质单位,与英国、澳大利亚的立地(site)大体一致。

美国土壤保护局 SCS(Soil Conservation Service)在20世纪80年代初指出,土地形态并不能作为农业景观分类系统的基础,除非是经过"修正"及"评估"。SCS据此提出了一个以土地使用/覆盖为基础,依照当地地点的从属关系加以调整的层级分类系统(表3-2)。

表 3-2 乡村景观分类系统

第一级	第二级	第三级
耕地	排列的作物	作物类型
	直播作物	耕作方法
	作物栽培	栽培因素
果园	落叶	形式及间隔
	常绿	种类
	棕榈	当地/特殊栽培因素
放牧地	土地分类	草本
		灌木及矮灌木丛
		混合
	牧草	天然的
		改良的
	放牧中林地	种的组成——变化度
		种的比例——密度
		海拔变化
林地	落叶	覆盖
建设地	农庄,无酪农业者	家畜牧场
		混合作物农场
		单一作物农场
	农庄,酪农业者	开放牧养型动物
		圈养型动物、无牧场者
	圈养型动物生产	有顶盖结构物,如养鸡场
		无顶盖结构物,如牛栏
		特殊设施,如水产养殖等
	城镇与乡村	20000~50000 人
		15000~20000 人
		5000~15000 人
		少于 5000 人

续表

第一级	第二级	第三级
建设地	分散发展者	十字路口的农业服务中心
		住宅区、名胜及游憩区
		工业区、商业区及远离城市地区
贫瘠地	自然地	盐田
		海滨、沙丘
		裸岩
	人为冲击	
综合景观		

(资料来源:S. Schallman & M. Pfender,1982)

美国林务局的风景管理系统 VMS(Visual Management System)和美国土地管理局的风景资源管理系统 VRM(Visual Resources Management)主要适用于自然风景类型。VMS 系统根据地形地貌、植被、水体等特点,基本上按照自然地理区划的方法来划分风景类型;在每一风景类型下面,又可根据具体区域内的多样性,划分出亚型。在 VRM 系统中,虽然并不十分强调风景类型的划分,但在风景评价中也应用自然地理区划的成果。美国土壤保护局的风景资源管理系统 LRM(Landscape Resources Management)则主要以乡村、郊区风景为对象。

二、国内景观分类方法

(一)人文地理学的景观分类

地理学界把乡村景观视为文化景观,乡村文化景观是人文地理学的一个重要研究内容之一。认为乡村文化景观深受自然景观的制约和影响,如农业生产方式、作物种类、农村民居的形式、结构、聚落的布局、庭院以及绿化树等。划分乡村文化景观的主要核心有以下两点。

(1)聚落。包括居民住宅、生活服务设施、街道、广场、第二和第三产业、交通与对外联系等,以及聚落内部的空闲地、蔬菜地、果园、林地等构成部分。聚落是人类活动的中心。在乡村,它既是人们居住、生活、休息和进行各种社会活动的场所,也是人们进行劳动生产的场所。农村聚落规模的大小以及聚落的密度,反映了该地区人口的密度及其分布特征;各地区不同的文化特色,经济发展水平,各民族的生产、生活习惯,该地区的土地利用状况和农业生产结构等无不在农村聚落中体现。

(2)土地利用。包括种植业、林牧副渔业、乡镇工业等的土地利用景观,特别是农业生产,受自然环境和社会文化环境的制约,其地域差异性明显。就农业生产中的粮食生产而言,各地由于气候、土质、生产、生活习惯、生产资料的不同和技术条件的差异,致使有各异的粮食生产种类、结构和质量水平。粮食生产几乎遍及地球上绝大部分地域,各地都有自己最适宜的粮食作物。

董新认为乡村景观是属于不同程度上带有自然景观特色的人文景观(或文化景观),并以此提出了以下划分乡村景观类型的原则。

(1)相关原则。乡村景观相关原则的外在表现是景观给人的整体感。

(2)同质原则。同一乡村景观内各地段乡村景观的组成成分应该是一致的,不是绝对等同,而是指景观内主要组成部分的一致,以及景观特征、景观功能的一致性,并不排除在景观中对形成景观特征无重大影响的微量质料的不一致。

(3)外观一致性原则。景观外貌是反映乡村景观特点的一个重要方面,是乡村景观内部特征的外在表现。

(4)共时原则。乡村景观是活动性较强的动态空间地域综合体,乡村景观的演化具有周期性和随遇性双重特征,所以乡村景观的历史演化极为活跃,同一乡村景观在不同的时间断面表现出不同的景观特征,有时在极短的时间内,乡村景观会变得面目全非。

(5)发生、演化一致原则。发生一致原则要求同类乡村景观赖以产生的基础,包括自然环境、人文环境,具有相似性的特点;演化一致原则要求景观内部各部分具有雷同的发展过程、发展演变规律。

(二)景观生态学的景观分类

从景观生态学的角度进行景观分类,一般先根据地形、地貌划分不同的单元,然后再对景观生态系统的类型或功能进行细分。例如,周华荣(1999)在对新疆的北疆地区进行景观生态系统分类研究中,采用四级景观分类体系:景观类型、景观亚类、景观组和景观型。

景观类型是根据地质基础和大的地貌单元及气候带来划分,如山地、平原景观等。

景观亚类是根据景观功能、土地利用方向以及人为干扰程度的不同进行划分,如山地林地景观、山地草地景观、平原草地景观等。

景观组是根据生态条件、人为利用方式或起源进行划分,如山地针叶林水分涵养林林地景观、山地高寒草甸放牧场草地景观、平原绿洲旱田农田景观、平原绿洲村落聚落景观等。

景观型是景观分类的基本单位,根据景观要素,特别是生物量(草场产草量、森林蓄积量)或土地承载量来划分。

根据人类对景观的干扰程度,肖笃宁(1998)提出按照人类影响程度的大小对景观进行分类,可以分为自然景观、经营景观和人工景观(表3-3)。

表3-3 肖笃宁提出的景观分类

类别		具体内容	备注
自然景观	原始景观	高山、极地、荒漠、沼泽、热带雨林	
	轻度干扰的自然景观	森林、草原、湿地	

续表

类别		具体内容	备注
经营景观	人工自然景观	采伐林地、牧草场、放牧场、有收割的芦苇塘	表现为景观的非稳定成分——植被的被改造、当地物种被管理和收获
	人工经营景观	各类农田、果园(和人工林地)组成的农耕景观	表现为景观中较稳定的成分——土壤的被改造
人工景观		城市景观、工程景观(工厂矿山、水利工程、交通系统、军事工程)、旅游地风景园林景观等	自然界原先不存在的景观，完全是人类活动创造的

(资料来源:肖笃宁、钟林生,1998)

第二节 关于乡村景观的分类

按照乡村景观的地理位置差异可把乡村景观分为以下几类：山地型乡村景观(主要分布在川东、渝、黔东南一带)、平原型乡村景观(多集中于黄河下游、长江中下游地区)、山麓河谷型乡村景观(多分布在大江、大河的河谷地带或地远人稀的山地区)。这是地理学从乡村不同地域的地理景观特征的角度对乡村景观的基本分类。

一、日本关于乡村景观的分类

尽管存在学科上的差异,人们通常还是把乡村景观划分为自然景观和人工景观,或者划分为自然景观和人文景观两大类。例如,日本的山岸政雄认为大致上乡村景观可分为两类:自然景观与人工景观。

日本的筒井义富等认为乡村景观有两种分类方法。

(1)依据生产相关景观、生活相关景观以及自然景观进行的乡村景观分类(表3-4)。

表 3-4　依据生产相关景观、生活相关景观以及自然景观进行的乡村景观分类

生产相关景观	生活相关景观	自然景观
果园、菜园、畜舍、农地、青贮槽、塑胶室、苗床、农路、农业水道、共同生产设施、旱田、牧草地、稻谷中心、电照菊田	住宅、仓库、花坛、绿篱、花木、门墙、聚落住宅群、电线杆、道路、聚落整体、城郭林带、庆典活动、迎神赛会、儿童游戏场、农村舞台、插秧、晒稻、割稻、公园、神社	草木、鱼、兽、鸟、虫、土地、水流、小山、河岸、地平线、水平线、云彩、晚霞、星夜空、海、湖、沼泽

（资料来源：蔡龙铭，1999）

(2)依据点、线、面进行的乡村景观分类(表 3-5)。

表 3-5　依据点、线、面进行的乡村景观分类

点景观	线景观	面景观
眺望点、突出的松树、祠堂、地标树、山神、稻草人、古坟、农宅、农村舞台、观音像、道标、桥、水池、水车屋、闸门、木桥	山道、古道、动物、路线、墙垣、砌石水道、林带、村道、水流、防风林、石砌挡土墙、萤火虫、复育水流、水沟、土堤、河岸、小溪、分水岭	阔叶森林、村落森林、杂木林、混植林、竹林、梯田、紫云英田、耕地、住宅地、聚落、渔村、水田

（资料来源：蔡龙铭，1999）

除以上之外，还可以依据空间组成把乡村景观划分为：农家、聚落、农地、道路、河流、树木以及其他（个体景物）。

二、国内关于乡村景观的分类

黄世孟认为乡村景观资源可依据自然资源和人文资源分类；王鑫认为乡村景观资源分为自然景观与文化景观两大类，又可细分为有形景观和无形景观两种类型（表 3-6）。

林世超则将乡村景观资源划分为聚落景观资源和自然景观资源两大类。其中，聚落景观资源包括以下三类。

(1)点状资源：民宅、庙宇、家祠、榕树、石敢当等。

(2)线状资源：古厝之排列、巷道等。

(3)面状资源：庙埕、井台、码头等。

表 3-6 依据自然景观和文化景观的乡村景观分类

类别	自然景观	文化景观
有形景观	地形景观：湖泊、高山、溪谷、丘陵等 地质景观：水山、温泉、泥泉、岩块 天象景观：星象、日出、日落、月色 生物景观：动物、植物、昆虫、鸟禽等	文物古迹 农村聚落 田园耕作 道路设施 产业设施
无形景观	气象变化 岁月时序变化 山谷声音、气息	生活习惯 民俗活动 艺术

（资料来源：魏朝政，1993）

自然景观资源包括旷野、草原、蜂巢田、沙滩、海域等。
侯锦雄依据景观特征元素对乡村景观进行分类（表3-7）。

表 3-7 依据景观特征元素的乡村景观分类

层次一	层次二	层次三
作物栽培地 （农业用地）[A]	成行的作物[A1] 固定性栽培作物[A2] 栽培性作物[A3]	作物形式 耕作方式，如机械化作业改变 景观形式 栽培因素
果园[B]	落叶树种[B1] 常绿树[B2] 椰子类（槟榔与椰子）[B3]	树型与种类 品种 地点/空间栽培因素
牧地[C]	牧场[C1] 放牧区[C2] 牧草与灌林[C3]	草本植物 灌木及灌丛林 混生（杂木） 原生种 品种之密度与比例 品种变化度

续表

层次一	层次二	层次三
森林[D]	混合[D1] 落叶树[D2] 常绿树[D3] 竹林[D4]	树冠覆被度 树种变化度 林龄状态
聚落、住宅[E]	农业性聚落[E1] 畜牧业或农牧性聚落 畜牧性[E2] 养殖性[E3] 小镇[E4] 聚落[E5] 散村[E6]	农作物 畜牧性养殖场，如养牛场、鱼类池 100户以上 50～100户 10～50户 都市化程度
荒地[F]	自然人类影响少[F1] 人类开垦后荒地[F2]	开垦裸露地

（资料来源：侯锦雄，1995）

第三节 乡村景观的构成要素

一般来说，乡村景观的构成要素可以概括为两大类，即物质要素和非物质要素，物质要素又分为自然要素和人工要素。正是这些错综复杂、千变万化的景观要素，才构成了丰富多彩、各具特色的乡村景观。

一、自然要素

自然要素由地形地貌、气候、土壤、水文、动植物等要素组成，它们共同形成不同乡村地域的景观基底。各要素不仅是构成乡村景观的有机组成要素，而且对乡村景观的构成具有不同的作用。

(一)地形地貌

地形地貌是乡村景观构成的基本要素之一,它们形成乡村地域景观的宏观面貌。按地形地貌的自然形态可分为山地、高原、丘陵、平原、盆地五大类型。在中国,山地约占陆地面积的33%,高原约占26%,丘陵约占10%,平原约占12%,盆地约占19%。通常所说的山区包括山地、丘陵和比较起伏不平的高原,山区约占陆地面积的2/3。不同地形地貌形态反映了其下垫物质和土壤的差异及所造成植被的区别,因而是进行景观分析和景观类型划分的重要依据。

地形地貌不仅形成乡村景观的空间特征,而且不同的海拔高度对自然景观、农业景观和村镇聚落景观都产生很大的影响。

(1)海拔高度破坏了自然景观的地带性规律,出现了山地垂直地带,气候、植被、土壤都随着海拔高度而变化。此外,山地的坡度和坡向也对自然景观产生重要的影响。坡度影响地表水的分配和径流形成,进而对土壤侵蚀的可能性和强度产生影响。坡向影响着光、热、水的分布差异,直接决定了植被类型及其生长状况。

(2)山区用地紧张,可耕面积少。农业生产通常结合地形地貌来进行,依据等高线修山建田,这样产生了与平原完全不同的农业生产景观,如梯田景观(图3-2)。

图3-2 梯田景观

(3)地形地貌对于村镇聚落景观的影响也十分明显，尤其是在山区。中国传统村落的选址和民居的建设都与自然的地形地貌有机地融合在一起，互相因借、互相衬托，从而创造出地理特征突出、景观风貌多样的自然村镇景观。

(二)气候

气候是不同地域乡村景观差异的重要因素。各种植被的水平地带和垂直地带、土壤的形成，都主要取决于气候。气候是一种长期的大气状态，太阳辐射、大气环流和下垫面是气候形成的三个要素。气候因素包括太阳辐射、温度、降水、风等，温度和降水不仅是气候的主要表现方式，而且是更重要的气候地理差异因素。

中国地域辽阔，横跨热带、亚热带、温带和寒温带，拥有多种多样的气候类型以及对农业生产有利的气候资源。可以说，在不同气候条件下形成了明显不同的乡村区域景观类型，主要表现在建筑的形式和农作物的分布上。

(1)气候对建筑布局和形式的影响。中国从南到北纬度相差大，气候条件变化极为悬殊，使得建筑对日照、通风、采光、防潮、避寒、御寒的要求也各不相同，从而创造出丰富多彩的建筑布局和形式，如北方的四合院(图3-3)、徽州建筑(图3-4)、云贵的干阑式建筑(图3-5)、黄土高原的窑洞(图3-6)等。

图3-3 北方四合院

▶乡村振兴背景下的乡村景观发展研究

图 3-4 徽州建筑

图 3-5 云贵干阑式建筑

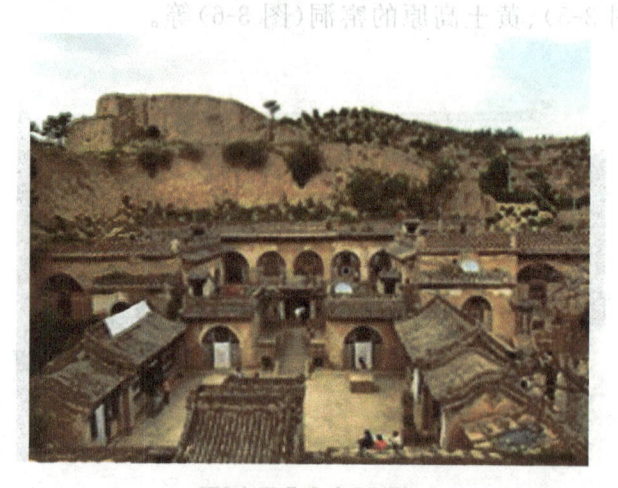

图 3-6 黄土高原窑洞

(2)气候对农作物分布的影响。对于农业生产,根据不同的自然条件,因地制宜地选择不同的粮食作物和经济作物。根据南北气候的差异,全国分为五种耕作地区:一年一熟区、两年三熟区、一年两熟区、双季水稻区和一年三熟区。

(三)土壤

土壤是乡村景观的一个重要的组成要素。任何形式的景观变化动态都或多或少地反映在土壤的形成过程及其性质上。因此,对于自然景观和农业景观而言,土壤是决定乡村景观异质性的一个重要因素。

中国的地域辽阔,气候、岩石、地形、植被条件复杂,加以农业开发历史悠久,因而土壤类型繁多。从东南向西北分布着森林土壤(包括红壤、棕壤等)、森林草原土壤(包括黑土、褐土等),草原土壤(包括黑钙土、栗钙土等),荒漠、半荒漠土壤等。不同类型的土壤适合不同植被的生长,对农业生产尤为重要。因此,乡村的农业生产性景观是由土地的适宜性所决定的。

(四)水文

水资源是人类赖以生存和发展的必要条件。农业是目前世界上用水量最大的部门,一般占总用水量的50%以上,中国农业用水量则占总用水量的85%。

水资源不仅是农业经济的命脉,而且是乡村景观构成中最具生动和活力的要素之一,这不仅仅在于水是自然景观中生物体的源泉,而且在于它能使景观变得更加生动丰富。在不同的水体中有着各自的水文条件和水文特征,也决定着各自的生态特征,如湖泊、河流、沼泽、冰川等,它们对乡村景观格局的形成起了重要作用。

(1)湖泊(图3-7)。湖泊是较封闭的天然水域景观,按水质可分为淡水湖、咸水湖和盐湖。

(2)河流(图3-8)。河流是带状水域景观,从水文方面可分为常年性河流与间歇性河流。河流补给分为雨水补给和地下水补

给,雨水补给是河流最普遍的补给水源。

图 3-7　湖泊

图 3-8　河流

(3)沼泽(图 3-9)。沼泽是一种典型的湿地景观,是生物多样性和物种资源的集中聚集繁衍地,具有巨大的环境功能和效益。

图 3-9　沼泽

(4)冰川(图3-10)。冰川广泛分布于中国西南、西北的高山地带。冰川水是中国西北内陆干旱区河流的主要水源。

图 3-10 冰川

(五)动植物

1. 动物

野生动物是自然生态系统的重要组成部分,在维持生态平衡和环境保护等方面有着重要的意义。中国自然条件优越,为野生动物的繁衍生息提供了良好的条件。野生动物与乡村生态环境有着密切的关系。例如,朱鹮是世界上濒危鸟类之一。20世纪30年代朱鹮不仅常见于中国东部和北部的广大地区,而且在苏联的远东地区、朝鲜和日本等地也都有一定的数量。但到20世纪中期,只有中国还有朱鹮幸存。从20世纪50年代以后,中国乡村生态环境发生了很大变化,朱鹮用于筑巢的大树被大量砍伐,采食的水域被污染,加上过度猎捕,迫使它们无法在丘陵、低山的水田、河滩、沼泽和山溪等适宜地生活,而逐步迁到海拔较高的地带,数量急剧减少,分布区也越来越小。1981年,在海拔1356米的陕西洋县姚家沟,发现了消失17年之久的野生朱鹮,并建立了朱鹮保护站。村民们为了保护这一珍稀鸟类,宁愿庄稼减产,也不在朱鹮的生活区域内使用任何农药,以此保证朱鹮的食物不受污染,形成人与鸟和谐共处的局面,朱鹮(图3-11)也成为当地的一大景观。

图 3-11 朱鹮

2. 植被

植被是全部植物的总称。中国的高等植物近 3 万种,在中国几乎可以看到北半球的各种类型的植被,其中农田植被占全国总面积的 11%。植被与气候、地形和土壤,各种因素相互影响、相互制约,一方面,有什么样的气候、地形和土壤条件,就有什么样的植被;另一方面,植被对气候和土壤甚至地形也都有影响。它们共同形成不同的植物景观特征。

根据植物群落的性质和结构,植被可以划分为森林、热带稀树草原、草原、荒漠和冻原五大基本类型,各自有其独特的结构特征和生态环境。按照植被类型的区域特征,中国植被分为八个区域,分别为寒温带针叶林区域、温带针阔叶混交林区域、暖温带落叶阔叶林区域、亚热带常绿阔叶林区域、热带季雨林和雨林区域、温带草原区域、温带荒漠区域、青藏高原高寒植被区域,各自有其景观特征和分布范围。

目前,全世界有 2000 多种栽培作物来自野生植物。我国有用植物约有 10000 种,目前已被利用的植物资源可以归纳为五大类:食用植物,药用植物,工业用植物,环保植物,种植植物。

二、人工要素

人工要素主要包括各类建筑物、道路、农业生产用地和公共设施等。

(一)建筑物

按照使用功能,乡村地域的建筑物可以分为民用建筑、工业建筑和农业建筑等。

民用建筑包括居住建筑和公共建筑。居住用的房屋如住宅、宿舍和招待所称居住建筑,公共用的房屋如行政办公楼、学校、图书馆、影剧院、体育馆、商店、邮电局以及车站等称公共建筑。

工业建筑包括各类冶金工业、化学工业、机器制造工业及轻工业等生产用厂房,生产动力用的发电站及储存生产用的原材料和成品的仓库等。

农业建筑是指供农业生产用的房屋,如禽舍、猪舍、牛舍等畜牧建筑;塑料大棚、玻璃温室等温室建筑;粮食种子仓库、蔬菜水果等仓库建筑,农机具库,危险品库等的农业库房;农畜副产品加工建筑;农机修理站等农机具维修建筑;农村能源建筑;水产品养殖建筑;蘑菇房、香菇房等副业建筑;农业实验建筑;乡镇企业建筑等。

(二)道路

乡村道路形成乡村景观的骨架,是乡村廊道常见形式之一。根据国家对道路使用性质的规定,道路分为国家公路(国道)、省级公路(省道)、县级公路(县道)、乡村道路以及专用公路五个等级。乡村道路是指主要为乡(镇)村经济、文化、行政服务的公路,以及不属于县道以上公路的乡与乡之间及乡与外部联络的公路。从乡村地域的角度,这种规定只涉及乡村道路的一部分。然而,在乡村地域范围内的高等级公路对乡村环境和景观格局产生较大的影响,因此,乡村道路应包括乡村地域范围内高速公路、国道、省道、乡间道路、村间道路以及田埂等不同等级的道路,它们承担各不相同的角色。

(三)农业

中国是一个农业大国,农业文明在中国文明史中占有最重要的位置。相对于其他产业来说,有关的农业理论和实践都远远多于其他产业。

早在公元 1 世纪,东汉史学家班固(公元 32—92 年)在其所撰《汉书·食货志》中,就有"辟土植谷曰农"之说。这反映了古代黄河流域的汉族人民以种植业为主的朴素的农业概念,也即当今所称的"狭义农业"。其实,原始农业是从采集、狩猎野生动植物的活动中孕育而生的。后来,种植业和畜牧业也相继发展,至今仍以种植业和以其为基础的饲养业作为农业的主体。天然森林的采伐和野生植物的采集、天然水产物的捕捞和野生动物的狩猎,主要是利用自然界原有的生物资源,但由于这些活动后来仍长期伴随种植业和饲养业而存在,并不断地转化为人工的种植(如造林)和饲养(如水产养殖),故也被许多国家列入农业的范围。至于农业劳动者附带从事的农产品加工等活动,则历来被当作副业。这样,就形成以种植业(有时称农业)、畜牧业、林业、渔业和副业组成的广义农业概念。乡村景观所涉及的也是广义农业的概念,它们形成乡村景观的主体。

(四)公用设施

水利是农业的命脉,对中国农业文明至关重要。早在周代就设有管理水利的"司空"一职,可以看出当时就已对水利十分重视。从古至今,无论朝代如何变更,水利事业始终为各代所关注。各种类型的水利设施,在防洪、发电和发展农业灌溉等方面发挥了巨大的作用,同时也成为乡村景观的一个重要组成部分。例如,被列为世界文化遗产、具有 2260 年历史的古代水利工程——都江堰,至今尚在发挥重要作用(图 3-12)。它是中国古代创建的一项闻名中外的伟大水利工程,是目前世界上年代最久、唯一留存、以无坝引水为特征的宏大工程,它科学地解决了江水自动分流、自动排沙、控制进水流量等问题。从此,汹涌的岷江水经都江堰化险为夷,变害为利,造福农桑,使川西平原"水旱从人,不知饥馑,时无荒年,谓之天府"。都江堰水利工程以独特的水利建筑艺术创造了与自然和谐共存的水利形式,成为著名的历史文化景观。

图 3-12　都江堰

三、非物质要素

除了物质要素(自然要素和人工要素)外,在乡村景观的要素构成中,非物质要素也十分重要。在某种程度上,构成乡村景观的非物质要素主要体现在精神文化生活层面。乡村景观非物质要素是指乡村居民生活的行为和活动,以及与之相关的历史文化,表现为与他们精神生活世界息息相关的民俗、语言等。这些因素是乡村景观的无形之气,其作用不容忽视。

(一)民俗

民俗,即民间风俗,指一个国家或民族中广大民众所创造、享用和传承的生活文化。它起源于人类社会群体生活的需要,在特定的民族、时代和地域中不断形成、扩大和演变,为民众的日常生活服务。"相沿成风,相习成俗",是中国传统文化的一个重要内容,对乡村景观的形成和发展产生巨大的影响。

中国是一个统一的多民族国家,在长期历史发展进程中,形成独特的生活方式和风俗习惯。中国乡村民俗景观的一个显著特点,就是与中国的农业文明紧密相连。例如,岁时节庆就与农业文明有关,而其他反映农业文明特点的节日,在汉族和其他少数民族中还有许多,如存在于汉族和白族的立春(打春牛)、哈尼族的栽秧号(图3-13)、江南农村的稻花会、苗族的吃新节(图3-14)、杭嘉湖地区的望蚕讯等无一不是农业文明的产物。中国的农业文明与人口的繁衍具有密切的联系,与人类繁衍相关的婚丧嫁娶习俗构成中国民俗中最有特色的景观之一。

图3-13 哈尼族的栽秧号

图3-14 苗族的吃新节

(二)语言

语言是文化的一部分。语言的演化是建立在方言演进的基础上的,并受许多因素的影响,其中包括距离、自然条件、异族的接触、人口迁移和城市化等。

中国是一个统一的多民族国家,划分为五大语系,即汉藏语系、阿尔泰语系、南亚语系、南岛语系和印欧语系。其中,汉藏语系涉及的人口占全国总人口的 98% 以上,说汉语的人数占全国总人口的 94% 以上。现代汉语又有诸多方言,大致可以分为十大方言区,在一些地区,甚至相邻两村之间的方言都不一样。由于语言上的差异,造成了不同地区对同一事物的不同表达方式。由于人口迁移和城市化的影响,方言在乡村较城市得以更好地保留,是一种非常特殊的文化景观资源。人们每到异地,都喜欢学几句当地的方言,这就是语言景观的魅力所在。

第四节　乡村景观的基本结构

从形态构成的角度,结构是形态在一定条件下的表现形式。形态构成包含点、线、面三个基本要素。乡村景观结构是乡村景观形态在一定条件下的表现形式。福曼和戈登认为景观结构是景观组成单元的类型、多样性及其空间关系。他们在观察和比较各种不同景观的基础上,认为组成景观的结构单元有三种:斑块(patch)、廊道(corridor)和基质(matrix)。因此,可以说,基于景观生态学的景观结构把景观单元与设计学的形态构成要素有机地结合在一起。

一、点——斑块

斑块泛指与周围环境在外貌或性质上不同,并具有一定内部均质性的空间单元。应该强调的是,这种所谓的内部均质性,是相对于其周围环境而言的。斑块可以是植物群落、湖泊、草原、农田或居民区等。因此,不同类型斑块的大小、形状、边界以及内部均质程度都会表现出很大的不同。

(一)斑块类型

根据不同的起源和成因,福曼和戈登把常见的景观斑块类型分为以下四种:

(1)残留斑块(remnant patch):由大面积干扰(如森林或草原大火、大范围的森林砍伐、农业活动和城市化等)所造成的,局部范围内幸存的自然或半自然生态系统或片断。

(2)干扰斑块(disturbance patch):由局部性干扰(如树木死亡、小范围火灾等)造成的小面积斑块。干扰斑块和残留斑块在外部形式上似乎有一种反正对应关系。

(3)环境资源斑块(environmental resource patch):由于环境资源条件(土壤类型、水分、养分以及与地形有关的各种因素)在空间分布的不均匀性造成的斑块。

(4)人为引入斑块(introduced patch):由于人们有意或无意地将动植物引入某些地区而形成的局部代生态系统(在乡村地区,如农田、种植园、人工林、乡村聚落等)。

(二)斑块大小

斑块的大小对物种数量、类型有较大的影响。一般来说,小斑块有利于物种的初始增长,大斑块的物种增长较慢,但比较持久,而且可维持更多的物种生存。因此,斑块的大小与物种多样性有密切的关系。当然,决定斑块物种多样性的一个主要因素还是人类活动干扰的历史和现状。通常,人类活动干扰较大的斑块,其物种往往比受人类干扰小的斑块少。

(三)斑块形状

一个能满足多种生态功能需要的斑块的理想形状应该包含

一个较大的核心区和一些有导流作用以及能与外界发生相互作用的边缘触须和触角。圆形斑块可以最大限度地减少边缘圈的面积,同时最大限度地提高核心区的面积比,使外界的干扰尽可能减少,有利于内部物种的生存,但不利于同外界的交流。

二、线——廊道

廊道是指景观中与相邻两边环境不同的线性或带状结构。其中,道路、河流、农田间的防风林带、输电线路等为廊道常见的形式。

(一)廊道类型

按照不同的标准,廊道类型有多种分类方法。

(1)按廊道的形成原因,分为人工廊道(如道路、灌溉沟渠等)与自然廊道(如河流、树篱等)。

(2)按廊道的功能,可分为河流廊道、物流廊道(道路、铁路)、输水廊道(沟渠)和能流廊道(输电线路)等。

(3)按廊道的形态,分为直线性廊道(网格状分布的道路)与树枝状廊道(具有多级支流的流域系统)。

(4)按廊道的宽度,分为线状廊道与带状廊道。

目前,对廊道的研究多集中在形态划分上,如线状廊道与带状廊道。线状廊道与带状廊道的主要生态学差异完全是由于宽度造成的,从而产生功能的不同。线状廊道宽度狭窄,其主要特征是边缘物种(edge species)在廊道内占绝对优势。线状廊道有七种:道路(包括道路边缘)、铁路、堤堰、沟渠、输电线、草本或灌木丛带、树篱。带状廊道是具有一定宽度的带,其宽度可以造成一个内部环境,有丰富的内部物种出现,多样性明显增大,而每个侧面都存在边缘效应(edge effect),如具有一定宽度的林带、输电线路和高速公路等。

(二)廊道结构

廊道结构分为独立廊道结构和网络廊道结构。

(1)独立廊道结构,是指在景观中单独出现,不与其他廊道相接触的廊道。

(2)网络廊道结构,分为直线形与树枝形两种类型,两种类型的成因和功能差别很大。

廊道的重要结构特征包括:宽度、组成内容、内部环境、形状、连续性及其与周围斑块或基质的相互关系。

三、面——基质

基质也称景观背景、矩质、模地、本底,是指景观中分布范围最广、连接度最高的背景结构,并且在景观功能上起着优势作用的景观结构单元。基质在很大程度上决定着景观的性质,对景观的动态起着主导作用。常见的基质有森林基质、草原基质、农田基质、城市用地基质等。

(一)判断基质的标准

判断基质有以下三个标准。

1. 相对面积(relative area)

景观中某一元素所占的面积明显大于其他元素占有的面积,可以推断这种元素就是基质。一般来说,基质的面积超过现存其他类型景观元素的面积总和,即一种景观元素覆盖了景观50%以上的面积,就可以认为是基质。但如果各景观元素的覆盖面积都低于50%,则将要由基质上的其他特性来决定基质。因此,相对面积不是辨认基质的唯一标准,基质的空间分布状况也是重要的特性。

2. 连通性

有时尽管某一景观元素占有的面积达不到上述标准,但是它构成了单一的连续地域,形成的网络包围其他景观元素,也可能成为基质。这一特性就是数学上的连通性原理。也就是一个空间没有被与周边相接的边界穿过,它就是完全连通的。因此,当一种景观元素完全连通,并包围着其他景观元素,可以认为就是基质。基质比其他任何景观元素连通程度都高。当第一条标准无法判断时,可以根据通过连通性的高低来判断。

3. 动态控制(control over dynamic)

当前面两个标准都无法判定时,则以判断哪种景观元素对景观动态发展起主导控制作用的作为基质。

(二)基质的结构特征

基质的结构特征表现在三个方面:孔隙率(porosity)、边界形状(boundary shape)和网络(networks)。

孔隙率是指单位基质面积中斑块的数目,表示景观斑块的密度与斑块的大小无关。

边界形状,大多数情况下,景观元素之间的边界不是平滑的,而是弯曲相互渗透的,因此边界形状对基质和斑块之间的相互关系是非常重要的。一般来说,具有凹面边界的景观元素更具有动态控制能力。具备最小的周长与面积比的形状不利于能量与物质交换,相反,周长与面积比大的形状有利于与周围环境进行大量的能量与物质交换。

网络,廊道相互连通形成网络,包围着斑块的网络可以看成是基质。当孔隙率高时,网络基质就是廊道网络,如道路、沟渠、树篱等都可以形成网络。其中,树篱包括人工林带最具代表性。对网络产生重要影响取决于被网络所包围的景观元素的特征,如大小、形状、物种丰度等。网眼的大小是网络重要的特征值,其大小的变化也反映了社会、经济、生态因素的变化。人的干扰和自然条件的影响是形成网络结构特征的两个因素。

第四章　乡村景观的特征与形式

乡村景观与人们的生产、生活有着密切关系。人类为了满足自身生产生活的需要，对原有乡村地区的土地进行完善与改造，这就使得不同地区的乡村景观有着不同的特征，且地点不同，乡村景观的形式也不同。下面就对这两大层面进行分析与探讨。

第一节　乡村景观的地域特征

中国村庄景观虽然从共性的角度存在着许多相同的景观特点，但由于村庄所处的区域位置不同，所受自然条件、地方文化、风土环境等因素的影响各异，因而在景观上表现出各自不同的地方风格，这里对带有标志性特征的村庄景观特点做一概括和比较。

一、华东地区

这里所说的华东地区主要包括江浙一带以及安徽、福建、江西等地。

浙江一带的村落，特别是一些历史悠久的文化村落，如浙江永嘉县的苍坡村、豫章村等，不仅村落选址很有讲究，而且村落布局富有文化创意。不仅自然景观优美，而且人文景点丰富。进村口的地方或有寨墙、寨门，或有歇荫树、歇脚亭等，还有各种标志性地物与建筑，如文笔峰、文笔塔等。

江苏一带水道纵横，故村落具有典型的"江南水乡"特色。聚落空间多随河流两侧排列，其形态以带状最为常见。河流自由曲折,变化万千,小桥凌驾其上,临水而建的民宅和水巷穿梭的小舟,成为这一带村落典型的景观特点,如图4-1所示。

图4-1 江苏同里村落的"水乡"景观特点

安徽古村落保留最好而且最富景观特色和文化意象的地区集中在皖南徽州地区。这里村落建构表现出明晰的园林特色。皖南古村落中至今仍可见到的宗祠、牌坊、玉带桥、魁星楼、水榭、行道树、书院、民居等,成为建构皖南古村落景观的重要组成要素。皖南徽州是徽商最多的地方,他们在外经商致富,回到家乡后不仅修造自己的宅、园,还出资赞助公益事业,其中就包括修造公共园林。因此,徽州下属各县农村,凡是比较富裕的一般都有建置在村内的公共园林。最为常见的村落园林称为"水口园林",成为村口重要的标志性景观。

"水口"是风水术的用词。水口相当于堂局通往外界的隘口,一般在两山夹峙、河流左环右绕之处,也是村落的主要出入口,此处也正是人(村落)与自然(山林)有机结合的最佳位置。在此兴建的园林叫作"水口园林"。水口园林以变化丰富的水口地带的自然山水为基础,因地制宜,巧于因借,适当构景,在原有山水的基础上,点缀凉亭水榭,广植乔木,使山水、田野、村舍有机融于一体。至今尚存或尚可寻踪的水口园林有"西干园""十二楼""果园""竹山书院""半舫圃"等处。其中,唐模村的檀干园是现存较完整的一例,如图4-2所示。

图 4-2　唐模村檀干园的立体图

二、华南地区

这里所言的华南地区主要指广东、广西两省（自治区）。

广东古村落的最大特点是村口有一棵大榕树，树后有个守村口的小土地庙。通常还在榕树旁边建有宗祠、戏台和广场，村内挖有水池一个，如图 4-3 所示。民居周围种有芭蕉和小水竹。榕、竹对于村民，前者绿阴可供纳凉闲坐，后者可供编造日用器物之用。另外，它们还是一种精神形象异常丰富的植物，大榕树以其枝叶、根系的繁盛，被客民视为是"多子多富"的风水树。因此，每个村口都种有这种象征吉祥的树，如图 4-4 所示。丛丛翠竹，则表达出当地人对"竹报喜讯""竹报平安"的期盼，从而使大榕树和竹成为广东大部分村落的景观标志。

图 4-3　从化木棉村——古树、祠堂、广场

第四章 乡村景观的特征与形式

图 4-4　肇庆武垄镇武垄村村口古榕树

广东部分侨乡地区的村落景观则表现出明显的安全防御意象,各种西式风格的碉楼成为最醒目的景观建筑,这些村落的入口处也常常植有大榕树,村内还种有水竹、芭蕉等,其整体环境表现出亚热带村落的景观特点。

广西的古村落因民族构成的不同分为几种情形。但就广西的多数村落来讲,跟广东一样,大榕树是它们的重要标志。许多村落的大榕树达两三百年的年龄,直径达数十米,成为人们歇凉、赶集和公共活动的重要场所。在广西少数民族村落中,大抵以侗族村寨中的风雨桥和鼓楼最为引人注目。

风雨桥是长廊式木桥,因桥上建有廊、亭,桥栏边有长椅,既可行人,又可坐卧小憩,还可避风雨遮日晒,故此得名。大型风雨桥多以大青石砌桥墩,桥墩上建亭阁。亭阁多为五重檐、四角或六角攒尖式或宫殿形,集使用价值和艺术价值于一身。最具代表的要数广西三江程阳风雨桥,为我国古代四大名桥之一,是国家级重点文物保护单位,如图 4-5 所示。

鼓楼是侗族独特的楼宇建筑形式,是侗族村寨中最高大的建筑物,是侗寨的标志,也是侗族文化的象征。鼓楼一般以村寨或家族为单位建造。作为各个村寨的公共活动中心,鼓楼具有政治、经济、军事、文化及交往等多种社会功能。鼓楼下端呈方形，四周置有长凳，中间有一大火塘；楼门前为全寨逢年过节的娱乐场地。每当夏日炎炎，男女老少至此乘凉，寒冬腊月来这里围火，唱歌弹琵琶、讲故事。侗族人民每建一个新的村寨，首先要建造高大雄伟的鼓楼，之后以它为中心，在它周围盖吊脚楼。进入侗乡，举目远眺侗寨，吊脚楼群之中，鼓楼挺拔耸立，巍峨壮观，如图4-6 所示。

图 4-5　广西三江县程阳村边的林溪河上侗族风雨桥

图 4-6　广西三江侗族自治县程阳八寨鼓楼

三、西南地区

这里的西南地区主要指云南省。

云南西南部气候湿热，建筑形式与布局均以散热、防潮为主要目的。傣族村落中心多建有缅寺，寺塔高高的尖顶有升腾凌空之感。建筑采用独特干阑式竹楼,四面敞开,以便于通风。特别是坡度较大的以芭蕉叶覆盖的陡坡屋顶,不仅利于雨水排泄,更重要的是创造出一种轻盈、通透与秀丽的景观效果,如图4-7所示。整个村落的空间形象清晰而富有个性。

图4-7 云南西双版纳傣族干阑式竹楼

四、华中地区

这里主要介绍湘西、湘南村落的印象。

湘西地区多山地,自然景观优美,为传统文化村落的形成创造了良好的环境条件。由于地处偏隅,各种古村落基本保持了原貌。湘西古村落大致分为两类:一类是山地村落,另一类是河谷村落。山地村落的特点是地形较陡,建筑物沿山坡依次往上排列,构成错落有致的村落景观。道路多是石板的,各种形式的马头墙构成独特的外轮廓线变化。因此,石板路、马头墙和随地形起伏的古朴民居,成为湘西山地村落的基本意象。湘西一带的河谷村落,多是背山面水的,村落形态多呈沿河分布的带状,村内小河谷常有小石拱桥架于其上,甚至临河还有吊脚楼建筑。由于湘西村落在整体上位处山区,故由村落组成的近景与由四周的群山组成的高耸如屏的远景叠合在一起,组成一幅绝妙的山水画。

湖南传统村落空间,可大致由以下几个因素构成。

(一)核心建筑

核心建筑在村镇几何中心和心理中心的形成中起着重要作用。常见的核心建筑有祠堂、祖屋、神庙、鼓楼、宝塔、戏台、议事堂、清真寺等。

祠堂是中国古代乡土社会的核心建筑之一。村镇空间的布局大都以祠堂为中心向四周辐散。由于受地形等条件的影响,这种由中心向四周的扩展往往不是均质和等半径的,这就导致村镇空间布局在几何上的不规则状,如衡阳县渣江的曾氏族居地,透过村口的大樟树树丛,庄严的大宗祠映入眼帘,各种民居也以宗祠为中心呈有序排列。

在湖南许多历史久远的村落都有它建筑较早的"大屋"或称"祖屋",是村落建筑的主体。湖南宁远县九嶷山附近的黄家大屋,就是该村具有标志特征的核心建筑,如图4-8所示。

图4-8 湖南宁远县九嶷山黄家大屋

此外,湖南的许多村镇还建有楼塔、戏台、议事堂等类似的核心建筑;在回族居住的桃源、龙山、永顺、桑植、凤凰等县城,可不时看到作为村民精神空间标志的清真寺;在侗族居住区则以鼓楼作为村寨的核心建筑。

(二)核心场所

构成湖南传统村镇精神空间的主体要素,除了上述的核心建筑之外,还有一种是核心场所,如广场、墟场、井台、池塘、晒场、大树等类似场所,常常成为村民生活空间的重心。

湖南大部分村镇的入口或村内,都习惯保留一株或数株大树,成为村镇的重要标志。村内大树常常担负着两种职能:一种职能是供人们避日歇凉、挡风遮雨;另一种职能是供人们谈天说地、聚会议事。湘西苗族村寨,自古有崇拜自然物的传统,他们把枫树视为万物之源,作为图腾加以崇拜和保护,他们习惯于选择有高大枫树的地方建寨,并在树下设立祭坛,从而形成村民公共活动的中心。由于受地带因素的影响,湖南各地村镇中最常见的古树是樟树,许多古老的樟树都伴随着不少传奇的故事。大批的村庄地名均与樟树沾亲带故,足见樟树在湖南古村落景观中的作用和地位。樟树与它周围的石桌、石凳及小土地庙等一起成为村民生活空间的中心,也成为湖南古村落重要的景观标志。

许多村镇的核心场所是由池塘构成,凤凰县马鞍山村(图 4-9)及乾州胡家塘村(图 4-10)等地,村落建筑都以池塘为中心呈现组团布局。马鞍山村在池塘附近保留着硕大的古槐,成为人们歇息聚会之地,也成为人们心目中吉祥的象征。年长的村民称池塘为"龙池",认为它是村镇的保守神——龙的生息之地。

图 4-9 凤凰县马鞍山村以池塘为中心的格局

图 4-10　乾州胡家塘村以池塘为中心的格局

类似的核心场所还有戏台广场、庙前广场、宗祠广场、井台、墟场、晒场等公共活动频繁的场地，也往往是人们难以忘怀的生活空间所在。

五、华北地区

整个黄河冲积的华北平原，有相似的土壤结构与气候条件，造成了相似的种植结构。传统村庄聚落也多是聚族而居的，诸如张家庄、李家庄、侯家堡等村落名称至今沿用。聚落形态比较紧凑，多呈团块状，多数村落北面因无山依峙，故常种有一片防护林，用以抵挡冬季寒冷的偏北风。房屋低矮，道路笔直，高大挺拔的白杨树与厚实平稳的民居组合在一起，构成华北平原上独具风格的村庄聚落景观。

接近太行山区的华北村落（如井陉、平山等地），聚落多建在依山面水的地方，周围林木环护，前方视野开阔，村口多种有一株或数株大树。

晋中盆地的古村落，聚族而居的传统自古浓厚，各村落不仅组团紧凑，而且许多还用大堤围了起来。这里的村落景观特点是：村落被大堤包围，进村口常设大树做标志，村内分布着各式庙宇（土地庙、龙王庙、关帝庙、观音庙等）。

六、西北地区

陕西、甘肃、山西等地的黄土高原地区,常年干旱少雨,森林资源短缺,但土质优良,为这一带窑洞村落的形成创造了良好条件。窑洞建筑既充分利用了自然地形,又节约了土地,而且冬暖夏凉,是人类根据所处环境长期适应自然、选择自然的结果。通常,整个村庄都建在壁崖上,或建在地底下,村落融于大自然之中,仿佛已成为大自然的一部分,但并不破坏生态平衡。

靠崖式窑洞中尤以冲沟式窑洞为多。冲沟式窑洞村落一般沿着冲沟的河岸呈线形向纵深展开。在某些大的冲沟中,村落沿等高线分布布置院落,如巩义市的康店。从村落空间上分析,村民的交往场所主要是连接各院落的线形道路空间,户与户之间联系较方便。就靠崖式窑洞村落的景观特点来说,多点布在避风向阳的山壁上,随山势起伏而层层叠叠,不仅远近层次分明,而且充满转折、错落等变化,有韵律和节奏感,如图4-11所示。

图4-11 陕北米脂县的冲沟村落

下沉式窑洞是指潜掩于地下的窑洞村落。这种以下沉式四合院组成的村落,不受地形限制,只需保持户与户之间相隔一定的距离,就可成排、成行或呈散点式布置。这种村落的景观特点是:在地上看不到房舍,走进村庄,方看到家家户户掩于地下。其空间感也十分强烈,院落内不仅设有照壁,而且种植果木花卉,加之还用砖石等材料装饰窑洞洞口,从而使小环境变得幽静宜人,如图 4-12 所示。

图 4-12　陕北下沉式窑洞

除此之外,河南洛阳邙山区的冢头村、三门峡市宜村乡、灵宝市的西章村等都属于下沉式村落形式。

第二节　乡村景观的共性特征

虽然不同的地域有着不同的乡村景观,但是也不得不说,这些乡村景观也具有一定的共性特征,具体表现为山水化、生态化与宗族化。

一、山水化

中国传统哲学讲究"天人合一"的整体有机思想,把人看作大自然的一部分,因此人类居住的环境就特别注重因借自然山水。人—村庄—环境之间构成一个有机整体。中国村庄从选址、布局、建设都强调与自然山水融为一体,因而表现出明显的山水风光特色,如图 4-13 所示。

图 4-13　村庄设计中的山水意境(江西婺源县清华村)

例如,徽州古村落(图 4-14)依山造屋,傍水结村,形成自然山水与人文院落的完美融合。无论是远眺还是近观,各村庄都宛如一幅灵动的山水画,村处山水中,人在图画里,极富有自然山水的意境美。可以说山水有了村庄而富有灵气,村庄有了山水而富有秀气。正是有了这种辉映,才造就了徽州村落的山水特征。

图 4-14　村庄的依山傍水设计(徽州古村落)

二、生态化

中国古代村庄在注意选择优美山水环境的同时,也注意良好生态环境的选择。村庄的生态特征除了有较好的树木植被外,还与村落地形、土壤、水文、朝向等因素有关。中国古村落绝大多数都具有枕山、面水、坐北朝南、土层深厚、植被茂盛等特点,有着显著的生态学价值。枕山,既可抵挡冬季北来的寒风,又可避免洪涝之灾,还能借助地势作用获得开阔的视野;面水,既有利于生产、生活、灌溉,甚至行船,又可迎纳夏日掠过水面的爽爽凉风,调节村落小气候;坐北朝南,既有利于地处北半球的中国村落民居获得良好的日照,又有利于南坡作物的生长;良好的植被,既有利于涵养水源、保持水土,又有利于调节小气候和丰富村庄景观,还能为村民生活提供必要的薪柴。总之,中国绝大多数古村落都表现出鲜明的生态特征。

例如,云南西双版纳一带的傣族生态村庄(图 4-15),多处于丘陵地带,山上有茂密的原始森林,充足的雨量使山谷之间形成肥沃的冲积平原。傣族村庄多选择在依山傍水的坝子里,顺坡地、沿等高线排列,主干道从山脚一直通到山顶,最后以缅寺作为结束,充分体现了村庄布局的生态意识。

图 4-15 云南西双版纳傣族生态村庄

云南哈尼族村庄在利用土地资源时,充分考虑了自然条件和地理条件,将山体分为三段:山顶为森林、山腰建村寨、山脚为梯田。山腰气候温和,冬暖夏凉宜于人居住,宜于建村;而村后山头为森林,有利于水源涵养,使山泉、溪涧常年有水,使人畜用水和梯田灌溉都有保障。同时,山林中的动植物又可为哈尼人提供肉食和蔬菜;村下开垦万亩梯田,既便于引水灌溉,满足水稻生长的气候条件,又利于村里运送人畜粪便施于田间。梯田的建造完全顺应等高线,这样既减少动用土方,又防止水土流失。这种森林—溪流—村寨—梯田的结构,创造了人类生态与自然生态的和谐共存,如图4-16所示。

图4-16　云南哈尼族的森林—溪流—村寨—梯田结构

三、宗族化

中国古代社会是一个典型的以血缘关系为纽带的宗族社会,人与人之间的一切关系都以血缘为基础。因此,人类居住的村落便成为以血缘为基础聚族而居的空间组织。村庄多以姓氏宗族聚居,以宗族建筑作为村庄的核心,有创业始祖的传说和家族兴衰的记载,有祖传的遗训族规,由一脉相承的大一统文化形成强大的民族凝聚力。最重要的宗族建筑是宗祠,村庄空间多表现为以宗祠为几何中心或"心理场"中心展开布局。宗祠成为村庄景观的焦点和醒目标志。

第三节　乡村景观的设计形式

正是由于乡村景观的地域性,导致乡村景观有不同的设计形式,具体包含传统村落保护、山地自然景观、农田景观以及田园综合体。本节就对这四大层面展开探讨。

一、传统村落保护

要想实现乡村景观的可持续发展,就必须要保护传统村落的完整性与独特性。因此,传统村落的保护有着划时代的意义。下面就从几个层面来分析。

(一)传统村落保护的内容

传统村落是我国农耕文明的结晶,要想更好地保护传统村落,首先需要弄清楚传统村落保护的具体内容,即保护的价值是什么以及具体保护的对象。

1. 传统村落保护的价值

(1)历史文化价值

传统村落大多是在明清时期建成的,是历史更迭的见证,也是对历史发展进行研究的重要载体。同时,传统村落的选址、布局、日常民俗文化还反映了各地独特的文化背景与地理环境,是对地方民俗文化进行研究的"活的载体"。

(2)科学价值

对于科学研究而言,传统村落保护的价值是多领域的,主要涉及建筑学领域、规划设计领域、人类学领域、历史文化领域等。传统村落的选址、布局都是基于人与自然和谐共处的理念,从当地的气候出发,按照适应生活、生产的原则来加以设计的,具有科学性与生态性,且对当今的住宅区布局、城市规划等有着重要的借鉴意义。

(3)艺术价值

我国地势高低起伏,地貌多变。古代人们建设村落多依山傍水,与地理环境紧密贴合,造就了自由随性、形态万千的村落形态,体现出"天地人和"的美。另外,传统村落中风格不一、形式多样的建筑,加上富有当地特色的色彩、配饰、质感等,具有较高的艺术价值,也展现出建筑艺术的魅力。

(4) 社会价值

传统村落是广大农民社会资本的载体,他们生活的土地、家园、环境、人际关系等都是在村落中产生的。传统村落也是各地风俗习惯、方言、手工艺品等非物质文化遗产的载体,是中华儿女的精神聚居地,是连接民族血脉、传承民族文化的载体,因此具有较强的社会价值。

(5) 旅游价值

传统村落所具备的上述四个价值也决定了其具有旅游价值。具体而言,传统村落具有旅游价值的原因在于其有着悠久的历史、自由随性的街道、优美的布局、独特的建筑风格、宜人的自然风光等旅游资源。这些资源具有独特性、古老性,与现代人们喧嚣的社会生活截然不同,因此会吸引人们去参观与学习。

2. 传统村落保护的对象

传统村落保护的对象即特征元素,如图4-17所示。

(二) 传统村落保护的具体做法

传统村落保护需要遵循一定的方法,具体而言既要做到整体保护,又要做到分区保护。

1. 整体保护

传统村落是由村落环境、物质文化、非物质文化等多个元素组成的。其中,传统村落的骨架为街巷肌理,肌肉为历史要素,皮肤为自然环境,血液为民俗文化,灵魂为村民的生产生活。传统村落各个元素之间格局功能且联系紧密,任何元素发生改变都能导致整个结构以及相关元素的变化。而且,整体性保护不仅能够保证村落结构的完整,还有助于从大局层面对传统村落保护与旅游开发的关系进行正确处理,并且能够统筹各种村落保护的财力、物力,所以整体性保护是传统村落保护的一个重要方法。

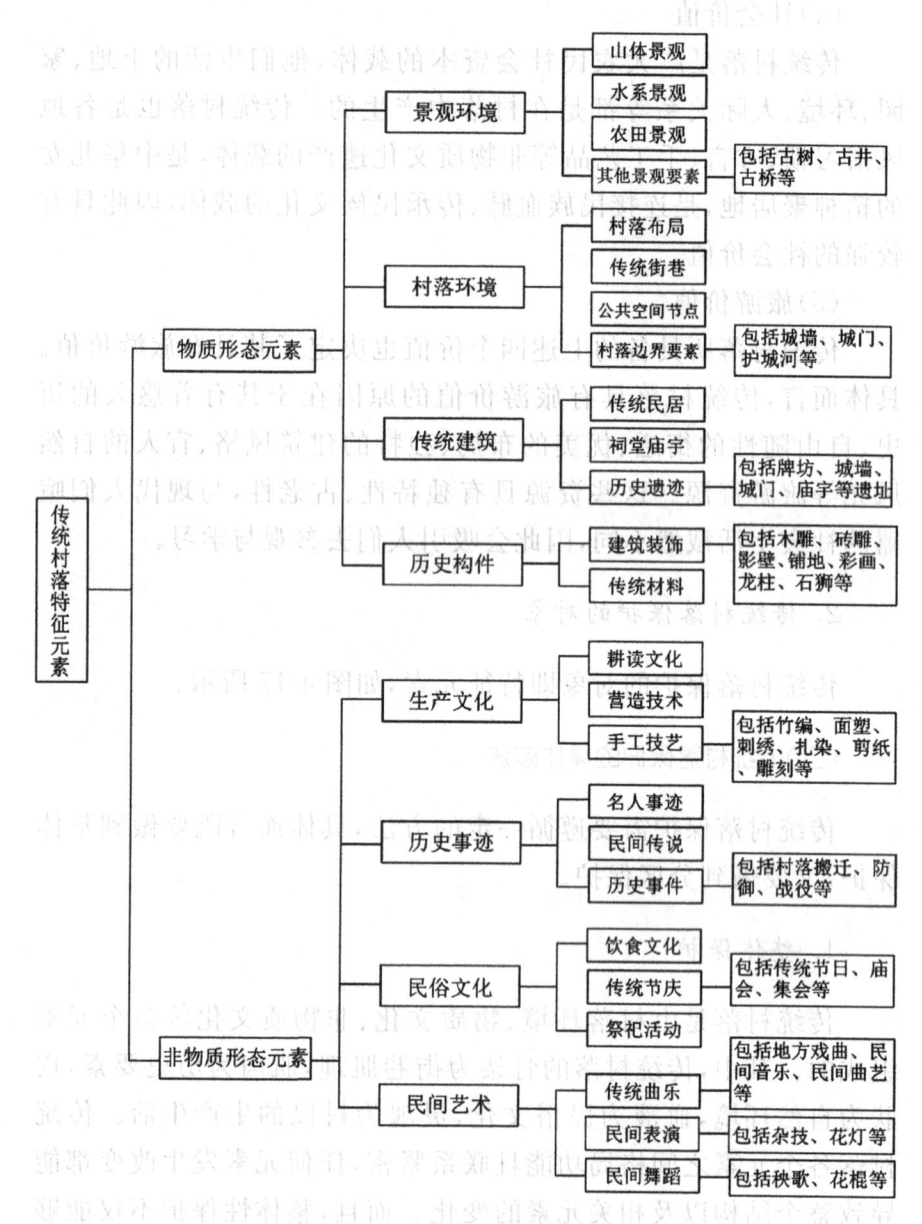

▶乡村振兴背景下的乡村景观发展研究

```
                                    ┌─ 山体景观
                                    ├─ 水系景观
                      ┌─ 景观环境 ─┤
                      │             ├─ 农田景观
                      │             └─ 其他景观要素 ─ 包括古树、古井、古桥等
                      │
                      │             ┌─ 村落布局
                      │             ├─ 传统街巷
                      ├─ 村落环境 ─┤
         ┌─物质形态元素┤             ├─ 公共空间节点
         │            │             └─ 村落边界要素 ─ 包括城墙、城门、护城河等
         │            │
         │            │             ┌─ 传统民居
         │            ├─ 传统建筑 ─┤ 祠堂庙宇
         │            │             └─ 历史遗迹 ─ 包括牌坊、城墙、城门、庙宇等遗址
 传统村落│            │
 特征元素┤            └─ 历史构件 ─┬─ 建筑装饰 ─ 包括木雕、砖雕、影壁、铺地、彩画、龙柱、石狮等
         │                          └─ 传统材料
         │
         │                          ┌─ 耕读文化
         │            ┌─ 生产文化 ─┤ 营造技术
         │            │             └─ 手工技艺 ─ 包括竹编、面塑、刺绣、扎染、剪纸、雕刻等
         │            │
         │            │             ┌─ 名人事迹
         │            ├─ 历史事迹 ─┤ 民间传说
         │            │             └─ 历史事件 ─ 包括村落搬迁、防御、战役等
         └─非物质形态元素
                      │             ┌─ 饮食文化
                      ├─ 民俗文化 ─┤ 传统节庆 ─ 包括传统节日、庙会、集会等
                      │             └─ 祭祀活动
                      │
                      │             ┌─ 传统曲乐 ─ 包括地方戏曲、民间音乐、民间曲艺等
                      └─ 民间艺术 ─┤ 民间表演 ─ 包括杂技、花灯等
                                    └─ 民间舞蹈 ─ 包括秧歌、花棍等
```

图 4-17 传统村落的特征元素

(资料来源:史宏祺,2018)

传统村落的整体保护具体如图 4-18 所示。

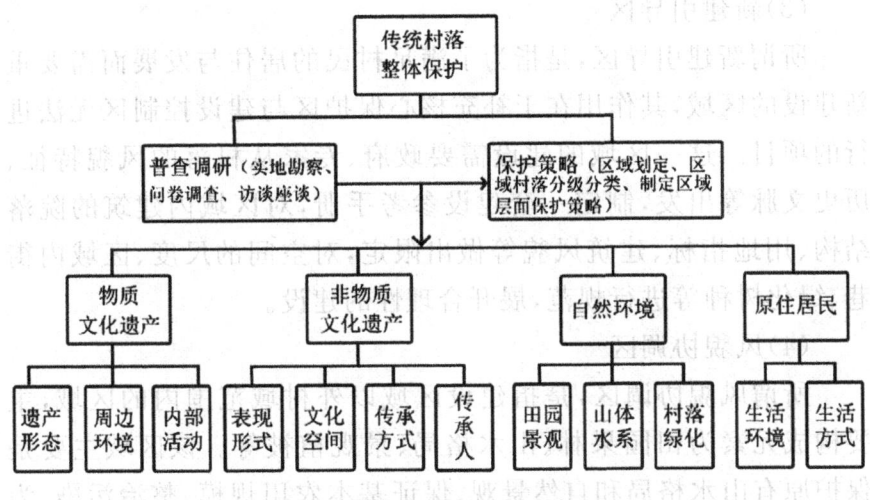

图 4-18 传统村落整体保护框架

(资料来源:史宏祺,2018)

2. 分区保护

在整体保护的基础上,传统村落保护还可以按照主次分明原则,并结合传统建筑的保存状态与分布情况,将传统村落保护划分为四区,并针对四区采用不同的保护方法。

(1) 核心保护区

所谓核心保护区,是指历史风貌、传统风格保存较为完整,区域传统风貌建筑集中的地区。这一区域的村落最能够反映传统村落的历史文化内涵、空间形态,因此需要重点加以保护。区域内的传统建筑需要参照传统的工艺来修缮与维护,确保传统建筑风貌不会因此损坏。同时,传统街巷的肌理与尺度也需要多加注意,避免修缮与整治过程中出现问题。

(2) 建设控制区

所谓建设控制区,是指位于核心保护区之外的已经建设的区域,其不具备传统的风貌,是传统村落的缓冲地区。这一区域的建筑需要对高度、体量、色彩等进行控制与限定,对与核心保护区风貌不协调的建筑来进行治理,其他建筑要保证原风貌不改变,区域内的插花空地可以适当新建,以满足人们的生活生产需要。

(3)新建引导区

所谓新建引导区,是指为了满足村民的居住与发展而需要重新建设的区域,其作用在于补充核心保护区与建设控制区无法进行的项目。这一区域的建设需要政府、专家从村落的风貌特征、历史文脉等出发,制定一套建设参考手册,对区域内建筑的院落结构、用地指标、建筑风貌等做出限定,对空间的尺度、区域内街巷、绿化树种等进行规范,展开合理性的建设。

(4)风貌协调区

所谓风貌协调区,是指建设区域以外村域范围内的区域,主要构成元素为田园果林、山水格局、景观植被等。该区域主要是保护原有山水格局和自然景观、保证基本农田规模、整治污染,为传统村落提供良好的保护屏障和景观背景。

二、山地自然景观

山地型乡村涵盖非常广泛,且山地自然景观包含的内容非常丰富,形式也多种多样,更加凸显特色。下面就来分析山地自然景观。

(一)山地自然景观的内容

要想了解山地自然景观,首先需要弄清楚山地乡村景观(图4-19)。具体来说,山地乡村景观包含山地自然景观、山地田园景观以及山地文化景观。

山地自然景观在山地乡村景观中占有最大的比例。其是山地乡村区域范围内生态状况、生态条件的反映,具体涉及土壤、气候、山体、动植物、水文等。山地自然景观常表现为怪石嶙峋的洞穴景观、云雾缭绕的森林景观、溪流潺潺的水文景观等。其山地自然景观为山地田园景观与山地文化景观的发展提供了重要条件。

山地田园景观就是我们下面将要说的农田景观的一种。因此,这里不再赘述。山地文化景观是山地乡村范围内风土人情、社会文化的反映。每一种文化观都必然会打上人类活动的烙印,文化

第四章 乡村景观的特征与形式

景观的改变往往会受到物质因素与非物质因素的影响。

图 4-19 山地乡村景观的构成
（资料来源：辛儒鸿，2016）

(二)山地自然景观规划的具体做法

山地乡村往往依山傍水，地形较为复杂，因此对山地自然景观的规划需要遵循一定的方法。具体而言，就是要求山地乡村的规划建设与山地自然景观结合起来，保证自然景观的绿化环境，可以从点、线、面做起。

1."点"

根据风景园林的规划理论，乡村建设中山地自然景观的树木种植要因地制宜，选择与当地环境相适合的树种，在规划中还要考虑采光条件，使乡村更具有色彩。同时，这种山地自然景观的加入可以使乡村氛围更加舒适，也有助于改善小气候。

另外，在拥有山地自然景观的乡村规划中，由于地域条件的限制，规划建设中尽量不要设置较大规模的广场，以提高土地的利用率。在设计手法上尽量凸显山地自然景观的自然风貌与人文性特点。

2."线"

山地型乡村规划中也需要加强街道绿化,使这种人工绿化与自然景观相结合,营造出具有地方乡村特色的绿化环境。再加上山地型乡村水资源一般较为丰富,乡村内河流居多,因此生态很脆弱,水资源容易受到污染,而绿色植被能够净化水体,保护水资源免受人的破坏。

3."面"

与其他类型的乡村相比,山地型乡村具有良好的自然资源基础,周围山地植被资源丰富,且生物具有多样性特征,因此从景观生态学基质理论上说,山地型乡村具有稳定的、良好的、连续的"基质"。但是,在山地与村落交接的地方,出现了明显的边缘效应,生态相对不稳定,且比较脆弱,因此在山地自然植被的基础上还需要做好防护工作,建立绿色保护区,以实现基质的连续性和生态的稳定性。

三、农田景观

从传统审美角度来看,农田是乡村的象征,农田景观是乡村地区最基本的景观。从景观生态学的角度来说,农田景观通常是由几种不同的作物群体生态系统形成的大小不一的镶嵌体或廊道构成。农田景观规划设计是应用景观生态学原理和农业生态学原理,根据土地适宜性,对农田景观要素的时空组织和安排,制定农田景观利用规则实现农田的长期生产性,建立良好的农田生态系统,提升农田景观的审美质量,创造自然和谐的乡村生产环境。

(一)农田景观的影响因素

农田景观受到以下因素的影响。

1.轮作制

轮作是中国农业的传统,合理的轮作对于保持地力、防治农业病虫害和杂草危害以及维持作物系统的稳定性是极为重要的。为了实行合理的轮作,在一个农田区域中必须将集中参与轮作的农作物按一定比例配置。显然,这样的按比例配置成为制约农田景观的重要因素。

2. 农业生产组织形式

不同的农业生产组织形式,其生产规模和生产方式有很大的差异,而这些差异又直接影响农田景观特征。例如,大型的国营农场,由于采用机械化和高劳动生产率,由此形成由单一农作物构成的可达几百亩的农田景观。对于绝大部分实行联产承包责任制的广大乡村,土地分割给每户,农户又从自己的意愿出发来种植作物,结果就会导致农田景观的各个地块面积逐渐缩小,而地块的数目与种类却大幅度增加。

3. 耕作栽培技术

中国广大乡村实行的都是作物间套作模式,这一耕作模式对于农田生态系统的改善是非常有利的,并且能够增强农田的经济功能与生态功能。例如,北方农田中可以看到呈现带式后行式的农田景观。从小尺度景观的角度来说,这样的格局可以被认作是不同作物构成的廊道,农田景观就是由这些不同类型的、相互平行的廊道构成的,如图4-20所示。

图4-20 作物间套作农田景观

(二)农田景观规划的原则

在规划农田景观时,需要坚持以下几点原则。

1. 整体性原则

农田景观是由相互作用的景观要素组合而成的,因此在进行规划设计时,应该将其视作一个整体,这样做有助于实现景观的生态性、生产性与美学性的统一。

2. 保护性原则

农田最基本的作用在于为人们提供必需品。但是当前,人口众多但土地资源不足,这种矛盾导致在农田景观规划时需要坚持保护性原则,即对农田进行优化整合,使农田真正地能够满足人们的需要。

3. 生态性原则

在规划农业景观时,还要求坚持生态性原则,即对农业生产模式进行改变,发展精细农业、生态农业与有机农业,建构稳健的农田生态系统。同时,在建设中还需结合农田林网,增加分散的自然斑块与绿色廊道,对景观的生态功能进行补偿与恢复。

4. 地域性原则

地域不同,自然条件也不同,因此在规划不同地域农田景观时,应该对农田景观的格局进行合理的确定,进而凸显该地域的特色。例如,东北地区的玉米—高粱农田景观,华北平原的小麦—玉米农田景观等。

5. 美学原则

农田景观还具有特殊的审美价值。这是因为,农田景观不仅是生产的对象,还是审美的对象,只是作为景观来呈现在人们的面前。因此,在对农田景观进行规划设计时,需要注重其美学价值,并合理开发其美学价值,从而提高农业生产的经济效益。

(三)农田景观规划的具体做法

农田景观规划除了要坚持一些基本的原则,还需要掌握一些规划的方式。

1. 斑块规划

(1)斑块大小

大型农田斑块有利于提高生物多样性,小型农田斑块可提高景观多样性。最优农田景观是由几个大型农作物斑块组成,并与众多分散在基质中的其他小型斑块相连,形成一个有机的景观整体。然而,农田斑块的大小是由社会经济条件、农业生产组织形式等决定的。

从景观生态学的角度来说,农田斑块的大小应根据农田景观适宜性、土地需求和生产要求综合确定,以充分发挥景观优势。农田斑块的大小取决于田块的大小,田块的长度主要考虑机械作业效率、灌溉效率和地形坡度等,一般平原区为500～800米;田块宽度取决于机械作业宽度的倍数、末级沟渠间距、农田防护林间距等,一般平原区为200～400米,山区根据坡度确定梯田的宽度。平原区田块的规模为10～32公顷。

(2)斑块数目

斑块数目越多,景观和物种的多样性就越高。在一定区域中,农田斑块数目多,则田块规模小,不利于农田集约利用。大尺度斑块数目规划设计,由农田景观适宜性决定;小尺度农田景观斑块数目取决于田块的规模,平原区一般为3～10块/公顷,山区、丘陵地区数量将增加。农田景观的多样化分布较单一景观相比生态稳定性高,不仅可以明显减轻病虫害的发生,而且对田间小气候具有显著的改善作用。

(3)斑块形状

除了受地形制约外,考虑到实际田间管理的需要和机械作业的便利,田块的形状力求规整。因此,人们通常见到的农田斑块形状大多为长方形,其次是直角梯形和平行四边形,而最不好的是不规则三角形和任意多边形。

(4)斑块位置

农田斑块的位置基本由土地适应性决定。一般来说,以连续的农田斑块为宜,这样有利于农作物种植和提高生产效率。

(5)斑块朝向

农田斑块朝向是指田块长的方向,对作物采光、通风、水土保持和产品运输等有直接影响。实践表明,南北向田块比东西向种植作物能增产5%~12%。因此,田块朝向一般以南北向为宜。

(6)斑块基质

斑块基质的优劣,直接关系到农作物生长量和经济效益。斑块基质条件主要包括土壤、土地平整度、耕作方式等,需对质地差的斑块基质进行土壤改良设计、施肥设计;土地平整程度直接影响耕作集约化、灌溉、排水、作物通风和光合作用,一般以平坦为宜;耕作方式以提高地力为目的,安排作物轮作方式和间作方式。

2.廊道规划

在农田景观中,廊道主要是指防护林、河流、乡村道路和沟渠等。其中,农田林网对农业景观有着巨大的影响,被认为是农田景观中的廊道网络系统。

(1)林网作用

农田林网是农田的基本建设质疑,具有极大的经济效益、社会效益以及生态效益。实践表明,农田林网能有效地减少旱涝、风沙、霜冻等自然灾害,还能对农田小气候进行改变,如温度、风速、土壤含水量等。正常来说,农田林网能提高小麦产量20%~30%,提高果品产量10%~20%,每亩棉花增产20~35公斤,在自然灾害频繁年份,其保产增产效应更加显现。同时,农田林网也是乡村经济的一个重要组成部分,所提供的林特产品,如木材、水果、干果等,具有较高的经济价值,增加了乡村居民的经济收入。农田林网具有防止水土流失、保护生态环境、净化空气降低空气污染、消除噪声、增加生物多样性和景观多样性的作用。

(2)林网位置

农田林网应根据自然地理条件,因地制宜地设置林带。农田林网分为主林带和副林带,主林带应与主害风向垂直,副林带垂直于主林带。林带通常与河流、沟渠、道路等结合布置。

(3)林网规模

一般来说,主林带的间距大小主要决定于林网的高度,通常为林网高度的20~30倍,副林带的间距是主林带间距的1.5~2.0倍。

(4)林带宽度

林带树木行数过多或过少,对防护效果都会产生不利影响。实践证明,最好采用2~4行,行距2~4米。

(5)树种选择

农田林属的树种应根据设计要求和农田作物的生态要求、树种本身对自然条件的要求考虑,可选择材质好,树冠小,树型美和侧根不发达,适宜营造乔、灌、针和阔混交林的树种。树种的搭配应按乔灌结合与错落有致的原则,路渠配以防护性速生乔木,田埂配以经济高效的小乔木和灌木,既能突出生态效益,又能兼顾经济效能。同时,注重在生物学特性上的共生互补,注意避免可能对农作物生产带来的危害。

四、田园综合体

2017年,"田园综合体"作为乡村新型产业发展的亮点措施被写进中央一号文件。所谓田园综合体,是指以农业、农村合作社、新型农业经营为载体,融创意农业、循环农业、农事体验为一体的农业综合开发项目。下面就来分析田园综合体。

(一)田园综合体的体系

田园综合体集生产、产业、经营、生态、服务为一体,构成一个专门的体系。

1. 生产体系

田园综合体的生产体系要求务实基础,完善生产体系的发展。也就是说,要按照综合配套、适度超前等原则,集中开展高标准的农田建设,加强田园综合体区域内的基础设施建设,对通信、供电、污水处理、游客集散公共服务等要做好资金支持。

2. 产业体系

田园综合体的产业体系要求凸显特色,打造涉农产业体系发展平台。也就是说,要立足区位环境、历史文化等优势,围绕农业特色与田园资源,做好传统特色主导产业,推动土地规模化利用,进而稳步发展创意农业。同时,利用"生态+""旅游+"等模式,开发农业多功能性,推进农业产业与教育、旅游等的深度融合。

3. 经营体系

田园综合体的经营体系要求创业创新、培育农业经营体系发展新功能。也就是说,要壮大经营主体实力,完善社会化服务,通过股份合作、土地托管或流转等形式,推进农业适度规模经营。

4. 生态体系

田园综合体的生态体系要求绿色发展,构建乡村生态体系屏障。也就是说,要建立绿化观念,对田园景观资源进行配置,并挖掘农业生态的巨大价值,将农业景观与体验功能加以统筹,积极发展循环工业,促进资源节约与环境优化。

5. 服务体系

田园综合体的服务体系要求完善功能,补齐公共服务体系建设。也就是说,要通过建构服务平台,聚集市场、信息、人才等要素,推进农村新产业发展,并对公共服务设施加以完善,为村民提供便捷的服务。

(二)田园综合体规划的具体做法

在田园综合体规划中,可以从以下几点着手。

1. 产业构成上的规划

由于产业具有多元性的特点,对其规划要考虑不同产业的不同性质。

农业产业片区:规划时要做到三点。
(1)满足现代农业产业园的功能需求。
(2)要配备社区支持农业的菜园空间。
(3)要给予创意农业、休闲农业预留出空间。

文旅产业片区:规划时要考虑规模、功能、多样性等,尽力加载丰富的文化生活内容,达到与生态型旅游产品相符的农村旅游特色。

地产及村舍片区:要对原有村落风貌进行尊重,构建村落肌理,将村子的"本来"面貌还原出来,同时需要布局管理和服务区块,构建完整的村舍服务功能。

2. 功能片区上的规划

基于田园综合体多产业融合,可将其按照功能片区来规划。

核心景观片区:一般是吸引人的田园景区,其规划布局要凸显主题,通过特殊的节点与线路,给人留下深刻的印象,可以依托瓜果园、农田、花卉展示等给顾客以美的享受。

创意农业休闲片区:主要是为了满足游客创意休闲活动的景区,其规划要从农业的创意活动出发进行规划,如农家风情小筑、乡村节庆活动等。

农业生产片区:主要是大田园农业生产景区,其规划要具有

▶乡村振兴背景下的乡村景观发展研究

规模性,尽量满足机械化种植的需求,让游人能够认识农业的全过程,也可以亲身体验农事活动。

独家/居住片区:这是城镇化实现的核心承载地区,主要是产业融合与产业聚居地,在规划时应该主要考虑村落的构建。

第五章　乡村景观规划

乡村景观规划是对乡村地区的自然环境与人类环境进行相互作用的过程，需要考虑景观与生产、生活、生态之间的联系，同时其也与乡村的社会、经济、文化、精神、习俗等密不可分。对乡村景观规划进行系统认识，能够以更加明晰的理念指导具体景观规划实践。

第一节　乡村景观规划概述

乡村景观规划需要以当地实际情况为根本出发点，同时秉承着科学的规划原则，从而使乡村景观更好地为乡村服务。本节首先对乡村景观规划展开论述。

一、乡村景观规划的基础内容

(一)内容

乡村景观规划首先需要明确其内容，才能更好地进行后续规划实践。在具体的乡村景观规划过程中，需要考虑以下几个方面的内容。

(1)乡村景观资源利用的现状。

(2)乡村景观的类型与特点。

(3)乡村景观的结构与布局。

(4)乡村景观的变迁及其原因。

(5)乡村的产业结构及其经济状况。

(6)乡村不同的生产活动和社会活动。

(7)乡村居民的生活要求。

(二)目标与原则

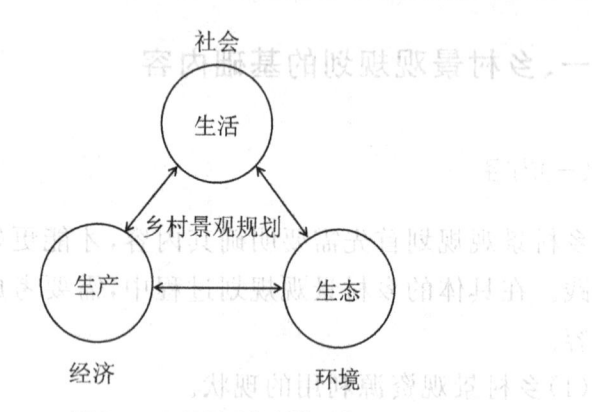

1. 乡村景观规划的目标

乡村景观是指村庄中的生产、生态、生活的景观。从这个意义上说,乡村景观规划也应该涵盖上述三个层面。

乡村景观规划是一项综合性的规划,需要不断均衡生产、生活、生态的不同方面,也就是需要兼顾经济、生活、环境,让三者均衡发展。

乡村景观规划的目标就是应用不同学科的理论与方法,通过乡村景观资源的分析与评价、开发与利用、保护与管理,保护乡村景观的完整性和乡土文化,挖掘乡村景观的经济价值,保护村庄的生态环境,实现村庄的社会、经济和生态的持续协调发展。[①]

根据乡村景观规划的发展目标,乡村景观规划的核心包括以农业为主体的生产性景观规划、以聚居环境为核心的乡村聚落景观规划和以自然生态为目标的乡村生态景观规划,如图5-1所示。

图 5-1 乡村景观规划的目标

(资料来源:陈威,2007)

---

① 赵德义,张侠. 村庄景观规划[M]. 北京:中国农业出版社,2009:136.

2. 乡村景观规划的原则

乡村景观规划是一个科学的过程,因此需要以一定的原则进行指导。具体来说,乡村景观规划的原则体现在以下几个方面。

(1)整体性原则

乡村景观规划首先需要遵循整体性原则。这是因为景观的营造并不是对单一景观元素的表达,而是对乡村场景进行的整体优化过程。

在乡村景观规划过程中,需要重视村落整体空间布局与景观要素、交通路线的组织,同时重视对地域特征的塑造、田园意境的营造和乡土文化内涵的传达。在乡土景观设计中,充分协调和组合建筑的材料和色彩,合理搭配地形地貌、村落的空间序列、道路和绿化各种组合关系,使得乡土景观的重塑和乡土意境的营造具有较强的可识别性。

尽管在进行乡村景观规划的时候,构建实体的物体是重要的因素,但是人的因素也是不可忽视的,地域环境中的人文生活需要给予高度重视。因此,整体性原则必须对设计的方法、对象、目标和要素等内容进行高度的融合,才能创造出属于当地的乡土景观。

(2)保护性原则

保护性原则是指在进行乡村景观规划过程中应该重视对不同类型的乡土景观的保护。对一些比较重要的区域和地段可以进行集中的保护,而对那些特色鲜明、具有历史文化价值的乡土景观则需要完全的保护,不需要整治、修葺,可以就地原样保护,这既是对历史的尊重也是对乡土景观最有效的保护和再现。

(3)地域性原则

不同的地域带有不同的地形地貌、人文环境等。因此,在进行乡村景观规划的过程中需要遵循地域性原则,充分考虑乡土植物、景观本身的价值,从而挖掘背后的规划路径。

乡村景观的规划离不开人为因素的介入。在规划过程中,对乡村场地、资源进行考量,就显得尤为重要。除此之外,地域性原则还体现在对地域文化的提炼以及对乡村人生活方式的尊重与认同。

(4)可持续发展原则

乡村景观规划的发展和社会的发展是密不可分的,在经济的快速发展之后,无论哪个国家都不可避免地出现了生态环境的恶化。因此,节能、环保、绿色、生态设计的概念贯彻在各个领域中,当然包括城市规划、建筑设计、景观设计等在内。

在进行乡村景观规划的过程中,应该重视生态环境的保护,严格按照可持续发展原则进行规划。规划者需要加强对自然群落的保护。乡村景观规划中对生态环境的保护,是实现乡村景观的生态效应和可持续发展最有力的保障,乡村景观文化的独特性和其他景观的营造有着本质的区别。因此,在乡村景观规划中,应充分考虑村庄未来的建设定位,以及对未来发展趋势产生的影响,给未来的村庄建设留下充足的发展空间。

(5)因地制宜原则

因地制宜原则是指在乡村景观规划过程中要强调地域文化以及地域特点的外在表现,从而在建筑过程中展现出地域独有的风貌特点,最终让景观与环境能够更好地融合。

我国幅员辽阔,因此各地乡村在自然环境和人文环境上都带有自身的特点。因此,乡村景观规划需要遵循因地制宜原则,对不同类型的乡村进行不同元素的设计与归化,这样才能保证乡村景观的地域性与识别性。

需要指出的是,地域性原则不仅要求对不同地域的景观进行区分,同时对于同一地域中的不同情况也需要进行重要区别。乡村景观规划最终是为了与环境实现协调发展。在规划过程中应该重视对传统的继承,平衡好传承与发展的关系。

(三)层次与过程

1. 乡村景观规划的层次

大体上说,乡村景观规划可以分为总体规划阶段与详细规划阶段。按照层次划分,可以将乡村景观规划分为区域乡村景观规划、乡村景观总体规划和乡村景观修建性详细规划三个层次。

(1)区域乡村景观规划

区域乡村景观规划是针对县域城镇体系的规划,是联系城市规划和村镇规划的纽带。它确定区域乡村景观的整体发展目标与方向,确定区域乡村景观空间格局与布局,用以指导乡村景观总体规划的编制。

(2)乡村景观总体规划

乡村景观总体规划是针对村镇总体的规划,内容包括确定乡村景观的类型、结构与特点,景观资源评价,景观资源开发与利用方向,乡村景观格局与布局等。

(3)乡村景观修建性详细规划

乡村景观修建性详细规划是针对村镇规划中的村庄、集镇建设的规划,应在乡村景观总体规划的指导下,对近期乡村景观建设项目进行具体的安排和详细的设计。

2. 乡村景观规划的过程

乡村景观规划需要具有一定的程序与步骤,从而更好地补充现行乡村规划,同时更好地发展乡村的个体性。具体来说,乡村景观规划的过程包括以下几个方面。

(1)委托任务

当地政府根据发展需要,提出乡村景观规划任务,包括规划范围、目标、内容以及提交的成果和时间,委托有实力和有资质的规划设计单位进行规划编制。

(2)前期准备

接受规划任务后,规划编制单位从专业角度对规划任务提出建议,必要时与当地政府和有关部门进行座谈,完善规划任务,进一步明确规划的目标和原则。在此基础上,起草工作计划,组织规划队伍,明确专业分工,提出实地调研的内容和资料清单,确定主要研究课题。

(3) 实地调研

根据提出的调研内容和资料清单,通过实地考察、访问座谈、问卷调查等手段,对规划地区的情况和问题、重点地区等进行实地调查研究,收集规划所需的社会、经济、环境、文化以及相关法规、政策和规划等各种基础资料,为下一阶段的分析、评价及规划设计做资料和数据准备。

资料工作是规划设计与编制的前提和基础,乡村景观规划也不例外。在进行乡村景观规划之前,应尽可能全面地、系统地收集基础资料,在分析的基础上,提出乡村景观的发展方向和规划原则。也可以说,对于一个地区乡村景观的规划思想,经常是在收集、整理和分析基础资料的过程中逐步形成的。

(4) 分析评价

乡村景观分析与评价是乡村景观规划的基础和依据。主要包括乡村景观资源利用状况评述,村庄土地利用现状分析,乡村景观类型、结构与特点分析,乡村景观空间结构与布局分析,乡村景观变迁分析等。

(5) 规划研究

根据乡村景观分析与评价以及专题研究,拟定乡村景观可能的发展方向和目标,进行多方案的乡村景观规划与设计,并编写规划报告。

(6) 方案优选

方案优选是最终获取切实可行和合理的乡村景观规划的重要步骤,这是通过规划评价、专家评审和公众参与来完成的。其中,规划评价是检验规划是否能达到预期的目标;专家评审是对规划进行技术论证和成果鉴定;公众参与是最大限度地满足利益主体的合理要求。

(7) 提交成果

经过方案优选,对最终确定的规划方案进行完善和修改,在此基础上,编制并提交最终规划成果。

(8)规划审批

根据《中华人民共和国城市规划法》的规定,城市规划实行分级审批,乡村景观规划也不例外。乡村景观规划编制完成后,必须经上一级人民政府审批。审批后的规划具有法律效力,应严格执行,不得擅自改变,这样才能有效地保证规划的实施。

二、乡村景观规划的不同编制

乡村景观规划的编制应根据区域乡村景观规划、乡村景观总体规划和乡村景观修建性详细规划的不同规划阶段和层次的具体要求,编制相应的规划内容。

(一)区域乡村景观规划

区域乡村景观规划(regional rural landscape planning)对村庄区域范围内的景观格局所做的整体部署,是对乡村景观资源开发与利用、保护与管理的具体安排。

这种规划的主要任务是应用景观生态学和生态美学的理论对区域范围内的乡村景观类型、景观价值、景观资源开发与利用方式以及景观演变趋势等进行调查研究,分析存在的主要问题,明确区域乡村景观的整体格局和发展方向,对区域范围内的基质、斑块和廊道提出合理的布局、规模和比例,指导乡村景观总体规划。

1. 范围界定

对于区域景观规划,区域是根据景观属性和景观空间形态两方面的空间差异性来划分的。

景观属性主要是以景观组成要素,如地形地貌、植被、土壤类型和土地利用类型等作为划分依据的;景观空间形态是以描述景观空间格局的斑块、廊道和基质为依据的。因此,区域乡村景观规划原则上应该是以具有相同景观属性,并具有明显的空间形态特征的区域作为规划研究范围。

然而,这与现行城市规划和村镇规划以行政区的划分是不吻合的,这就存在区域景观规划研究的范围可能在一个行政区内,也可能涉及若干个行政区。尤其是涉及若干个行政区时,就会出现与相关规划的衔接和协调问题。因此,在实际规划操作中,按照现行的行政区划分进行区域乡村景观规划更具有现实意义。

目前,中国进入城市化快速发展阶段,发展小城镇成为提高城市化水平的有效手段。小城镇被认为是介于城市和村庄的过渡阶段和地区。县域城镇体系规划涉及的城镇包括建制镇、独立工矿区和集镇,是对县域范围小城镇体系的全面部署和安排。

因此,县域城镇体系规划最能全面反映城市化对村庄地区和乡村景观的影响。综合考虑村庄概念的界定以及城市化对乡村景观的影响,区域乡村景观规划范围按城镇体系规划的最低层次的规定,一般按县域行政区进行划定。这不仅符合区域规划把城市、村庄及永久农业地区作为区域综合体组成部分的原则,也能与现行的城市规划和村镇规划更好地衔接和协调。根据国家和地方发展的需要,可以编制跨县行政区的区域乡村景观规划。在实际规划中,也需要考虑区域景观规划的特点,可在县域行政区范围的基础上适当放大,尽量考虑景观区域的完整性。

2. 具体内容

区域乡村景观规划时应该联系相应区域的国民经济与社会发展长远计划,并以农村区划、县域区划、土地利用总体规划为具体的依据,做到区域乡村景观规划和相应的城镇体系相协调。具体来说,内容应该包括以下几个方面。

(1)研究区域内部城镇体系的布点、等级、规模、结构,并研究城镇的历史文化、人口规模、建设用地发展规模与发展方向、交通联系等。

(2)研究区域内城市化发展的水平和趋势,包括近期和远期的小城镇发展状况、城市化对乡村景观格局与布局的影响以及乡村景观演变的趋势。

(3)研究区域内大型国家基础设施,如高速公路、国道、铁道、发电厂、变电所、输油管道、输气管道、水库以及水坝等的分布对村庄环境和景观的影响。

(4)研究区域内斑块、廊道规模、大小和布局。

(5)研究区域内村庄地区的产业结构的比例、多种经济发展状况以及当地村庄居民的收入水平和生活水平。

(6)研究区域内乡村景观的类型、分布与特点,以及景观资源利用现状和发展潜力。

(7)研究区域内村庄生态环境的基本状况,确定基本农田、林地、草场和水系保护范围。

(8)区域乡村景观总体规划布局。

3. 成果要求

区域乡村景观规划的成果包括规划说明书和规划图纸两个部分。

(1)规划说明书

区域乡村景观说明书主要表述调查、分析和研究成果,特别是规划图纸无法表述的内容。规划说明书的编写必须表述清楚、简练、层次分明,资料分析透彻,指标预测准确并具有前瞻性,有具体的规划实施措施。对于内容较多的规划,可撰写若干专题说明。

规划说明书的内容主要包括:现状;分析与评价;目标预测;总体规划布局;规划实施措施;专题规划说明。

(2)规划图纸

规划图纸包括:区位图(包括地理位置和周围环境);规划范围图;现状图(包括中心镇、一般集镇、中心村、基层村分布位置,土地利用,基础设施道路,水系分布,农作物分布,环境污染等),根据内容多少,可合并或分开表示;景观分类图;用地评价图;规划布局总图。

(二)乡村景观总体规划

乡村景观总体规划(master plan of rural landscape)是指乡级行政区域内的景观总体规划,是对规划区内各景观要素的整体布局和统筹安排。

总体规划的主要任务是根据所在地区的区域乡村景观规划格局,研究该地区的乡村景观吸引力、生命力和承载力,预测乡村景观的发展目标,进行乡村景观的结构布局,确定乡村景观的空间形态,综合安排生活、生产和生态各项景观建设。它是乡村景观详细规划的依据。

1. 具体内容

乡村景观总体规划是以区域乡村景观规划、乡(镇)域规划、农业区划、土地利用总体规划为依据,并同村镇总体规划相协调,包括乡(镇)域村镇体系规划、中心镇和一般镇的总体规划。其具体的工作包括以下内容。

(1)确定规划期限。乡村景观总体规划应与村镇总体规划期限相适应,一般为10~20年。

(2)研究区域内村镇体系的布点、等级、规模和结构,建设用地发展规模与发展方向,以及村镇之间的交通联系。

(3)进行农作物土地适应性评价。提出农业经济发展方向,在满足生产、生活要求的基础上,提出农作物改种的建议。

(4)研究区域内的历史文化,当地居民的价值观念、生活方式以及要求和愿望。

(5)研究当地的建筑布局、特征、风格、材质和色彩,并提出规划或更新建议。

(6)制定区域内生态环境、自然和人文景观以及历史文化遗产的保护范围、原则和措施。

(7)研究区域内居民点、农田、道路、绿化、水系和旅游等专项景观规划。

(8)明确分期开发建设的时段和项目,确定近期建设的规划范围和景观项目。

(9)乡村景观规划建设的投资与效益估算。

(10)提出实施规划的政策和措施。

2. 成果要求

乡村景观总体规划的成果主要包括规划文件和规划图纸。

(1)规划文件

根据城市规划编制办法,乡村景观总体规划文件包括规划文本和附件。

其中,规划文本是对规划的目标、原则和内容提出规定性和指导性要求的文件,附件是对规划文本的具体解释,包括规划设计说明书、专题规划报告和基础资料汇编。规划设计说明书应分析现状,论证规划意图和目标,解释和说明规划内容。

(2)规划图纸

乡村景观总体规划图纸主要包括：区位图(包括地理位置和周围环境);现状图(包括地形地貌、道路交通、水系分布、土地利用等现状,根据需要可分别或综合绘制);乡村景观分类图;土地适宜性评价图(主要包括聚落建设用地和农业生产用地评价);景观生态网络图(合理确定区内斑块、廊道规模、大小和布局);土地利用规划图;总体规划布局图;农业景观规划图(合理确定农田斑块和廊道);道路景观规划图;水系景观规划图;绿地系统规划图;分期开发建设图(确定规划期内分阶段开发建设的景观项目);维护与管理控制图(确定规划范围内需要维护与管理的景观资源或项目)。根据乡村景观资源特点以及开发利用方式,可增加乡村景观旅游项目规划图。

(三)乡村景观详细规划

详细规划(eetailed plan)包括控制性详细规划(regulatory plan)和修建性详细规划(site plan)。对于乡村景观,乡村景观详细规划(detailed plan of rural landscape)一般是指乡村景观修建性详细规划(site plan of rural landscape),这是针对村镇规划中的建设规划这一层次。乡村景观修建性详细规划是指具体村庄、集镇范围内不同类型乡村景观的具体规划设计。其主要任务是根据乡村景观总体规划布局,对村庄、集镇范围内近期的景观建设工程以及重点地段的景观建设进行具体的规划设计。

1. 具体内容

乡村景观修建性详细规划是以乡村景观总体规划、村镇总体规划为依据,并同村镇建设规划(村庄、集镇建设规划)相协调。其编制内容的核心是空间环境形态和场地设计,包括整体构思、景观意向、竖向设计、细部处理与小品设施设计等,具体的工作内容包括以下内容。

(1)空间形态布局。根据土地利用性质和景观属性特征进行景观总体空间形态布局。

(2)场地设计。主要是指竖向规划设计,根据场地使用性质,对地形进行处理,满足施工建设的要求。

(3)详细景观设计。对不同乡村景观类型进行详细规划设计,包括居民点、道路、绿化、农田和水系等,具体内容根据具体的条件和要求确定。

(4)乡村景观修建性详细规划工作还包括工程量估算、拆迁量估算、总造价估算以及投资效益分析等。

2. 成果要求

乡村景观修建性详细规划的成果主要包括规划文件和规划图纸。

(1)规划文件。根据城市规划编制办法,乡村景观修建性详细规划文件为规划设计说明书。

(2)规划图纸。规划图纸主要包括以下内容。区位图:规划地段在村(镇)范围中的位置。现状图:按规划设计的需要,在规划地段的地形图上,分门别类绘制建筑物、构筑物、道路、绿地、农地和水系等现状。分析图:反映规划设计构想和意图。规划总平面图:标明各类用地界线和建筑物、构筑物、道路、绿化、农地、水系和小品等的布置;根据需要,也可标明哪些是保留的,哪些是规划的。竖向规划图:标明场地边界、控制点坐标和标高、坡度、地形的设计处理等。对于道路,还要标明断面、宽度、长度、曲线半径、交叉点和转折点的坐标和标高等。反映规划设计意图的立面图、剖面图和表现图:其内容和图纸可根据具体的条件和要求确定。一般来说,规划设计深度应满足作为各项景观工程编制初步设计或施工设计依据的需要。

第二节　区域乡村景观规划

区域乡村景观规划是从宏观的角度对乡村景观展开的规划,包括不同类型的农田、牧场、人工林和村庄等景观单元,同时也包括河流、湖泊、山脉和大的交通干线等的规划。开展区域乡村景观规划研究,将为区域发展规划提供依据。本节就对区域乡村景观规划展开分析。

一、区域乡村景观规划的思路

区域乡村景观规划是区域开发的一个重要组成部分,规划要树立尊重自然的思想,顺应大自然的生态规律,努力维护和恢复良性循环的自然生态系统,并构建同自然生态系统相协调的人工生态系统,构成具有优越生态功能的自然—人工复合生态系统。区域乡村景观规划的基本规划思路和方法体现在以下几点。

(1)对规划区域范围做详细的景观调查和评价。

(2)在分析自然因素和社会经济因素的基础上,结合该区域的发展目标预测景观格局的发展趋势和主要问题。

(3)根据规划目标,针对实际问题,做出综合景观规划方案。

二、区域乡村景观规划的目标

乡村景观规划的目标主要有以下五个方面。

（1）确定合理的区域景观格局。以景观生态学理论为基础，完善城市景观—乡村景观—自然景观三位一体的景观格局。

（2）建设村庄高效人工生态系统，实行土地集约经营，保护集中的耕地斑块，尤其是基本农田斑块。

（3）控制村庄建设用地盲目扩张，建设具有宜人景观的村庄人类聚居环境。

（4）重建植被斑块，因地制宜地增加绿色廊道和分散的自然斑块，补偿和恢复乡村景观的生态功能。

（5）在工程建设区要节约工程用地，重塑环境优美与自然系统相协调的乡村景观。

三、区域乡村景观规划的原则

乡村景观规划要遵循以下五项规划原则。

（1）人地关系协调原则。既要保证人口承载力又要维护生存环境，达到区域开发与资源利用、环境保护和人口增长相适应、相协调。

（2）系统综合的原则。综合考虑各景观要素，将局部同区域整体景观结合起来，力求区域景观整体系统的优化。

（3）生态美学原则。在保护村庄生态系统的同时注重景观的美学价值，达到生态功能价值与美学价值的统一。

（4）远近结合原则。根据区域发展的目标和发展方向，重视原有乡村景观资源的利用和改造，对区域内景观格局进行合理布局，并在时序上做出安排，分步骤完成。

（5）技术经济可行有效的原则。最少的投入换取最佳的生态效益和景观效果。

四、区域乡村景观规划的框架

区域乡村景观规划框架的设定需要注意以下几个方面的内容。

首先，划定规划区的范围和边界，对规划区内景观的各构成因素做调查和评估。分析评价的内容有：自然生态因素，包括土地、水、大气、地貌、生物和矿藏等；社会经济因素，包括社会、经济、人口、建构筑物、各种基础设施、文化设施、技术经济和历史文化等；视觉因素，包括视域、视点、视线和视景等方面的分析评价。

其次，在景观因素评价的基础上，对景观的整体功能与结构现状做出分析，然后根据区域开发的方向和景观格局建设目标，确定区域景观建设的任务，编制该区域景观规划的总体框架。

总体框架应指出该区域景观现状基础，指明该区域土地利用方向和保护景观建设的原则，划分出三类区域：景观保护区，维持自然生态系统的特征；景观控制区，这类区域可以有限制地开发，但必须开发与保护并重，形成良好的生态循环；景观建设区，这类区域可供开发，开发强度大于景观控制区，但也要开展保护，构成自然—人工复合的良性运转的生态系统。

在总体规划框架下，对控制区和建设区内的景观格局、土地利用方向、斑块的大小和布局、廊道宽度和布局等做出指令性的规定，并作为下一层次规划的依据。区域乡村景观规划框架属于宏观的和粗线条的，但是它是乡村景观的基础。

第三节　乡村景观总体规划

所谓乡村景观总体规划是指利用对原有景观要素的优化组合，从而调整或者构建新的乡村景观格局，目的是增加景观异质性与稳定性，最终创造出和谐、高效的人工自然景观。

一、乡村景观空间格局

村庄是高度人工化的景观生态系统,其景观结构——斑块、廊道和基质的空间分布格局直接决定了乡村景观的空间格局。乡村景观空间格局应充分尊重生态规律,维护和恢复乡村景观生态过程及格局的连续性和完整性。由于不同地区的经济发展水平、地理环境、人文特性和历史背景等都各不相同,因此乡村景观的空间格局也应该是多种多样的。

从村庄地域角度上来讲,农田构成了景观格局的基质。村庄聚落是景观中最具有特色的斑块。其他的斑块还有:林地斑块、湖泊(池塘)斑块、自然植被斑块等;河流、道路、林带和树篱则构成村庄的廊道。景观生态学的研究内容较为广泛,与乡村景观空间格局联系较密切的就是斑块和廊道。

(一)斑块

景观中单位面积上斑块的数量和斑块形状的多样性对乡村景观空间的合理配置、优化空间结构具有重大影响。从某种意义上讲,减少一个自然斑块,就意味着一个动物栖息地的消失,从而减少景观或物种的多样性。因此,考虑斑块在整体景观格局中的位置和作用是非常重要的。

在乡村景观空间格局中,首先,对于单一的农田景观,适当增加林地斑块、湖泊(池塘)斑块或自然植被斑块,都可增加物种多样性和景观多样性,补偿和恢复景观系统的生态功能,促进农业生态系统健康持续地发展。其次,严格控制城市和村庄聚落建设用地斑块的盲目扩张,以免导致景观的破碎化和景观斑块空间格局的不合理性。最后,合理、有效地增加乡村景观类型多样性(景观中类型的丰富度和复杂度)。乡村景观类型多样性就是要多考虑景观中不同景观类型(农田、森林、草地、建筑和水体等)的数目和它们所占面积的比例。

(二)廊道

道路、河流、沟渠和防护林带是乡村景观中主要的廊道系统。对于农业生产来讲,廊道(防护林带)可以有效地减少自然灾害对农业生产造成的损失,提高农业产量。对于生物物种来讲,廊道同样会提供栖息地和物种源,并会成为物种的避难所和集聚地。对于城市景观来讲,通过楔形绿地、环城林带等生态廊道将村庄的田园风光和森林气息带入城市,可实现城乡之间生物物种的良好交流,促进城市景观生态环境的提高和改善。此外,廊道还是斑块之间的连接通道,与斑块一起形成网络。

在乡村景观空间格局中,首先,对于原有的廊道应加以保护,由于其生态系统相对比较稳定,在景观格局中仍然发挥重要的作用。其次,对不能满足生态功能要求的廊道应加以改造,如加大廊道的绿化力度、增加廊道的宽度等。最后,廊道应与其周边的斑块、基质有机地连接,如道路两侧的绿化在可能的情况下尽量避免等宽布局,而应与农田、水塘等结合起来考虑。

二、村庄聚落的空间布局

村庄聚落的空间布局也是乡村景观总体规划的重要内容。这是因为村庄聚落不仅是广大的人类聚居地,也是村庄重要的生态系统。村庄聚落生态系统的结构和功能不但受制于自然法则,且受诸如宗教信仰、道德观念和经济活动等人文因素的强烈影响。村庄聚落景观的空间布局是指在一定的村庄地域范围内,根据聚落的性质、类型、作用以及它们之间的关系,科学合理地进行布局,指导村庄聚落景观的建设。

(一)村庄聚落的层次划分

村庄聚落的层次划分是按照聚落在村庄地域中的地位和职能进行划分。目前,自下而上划分为基层村(自然村)、中心村(行政村)、一般镇和中心镇四个层次。这四个层次构成村庄聚落的结构体系(图5-2)。

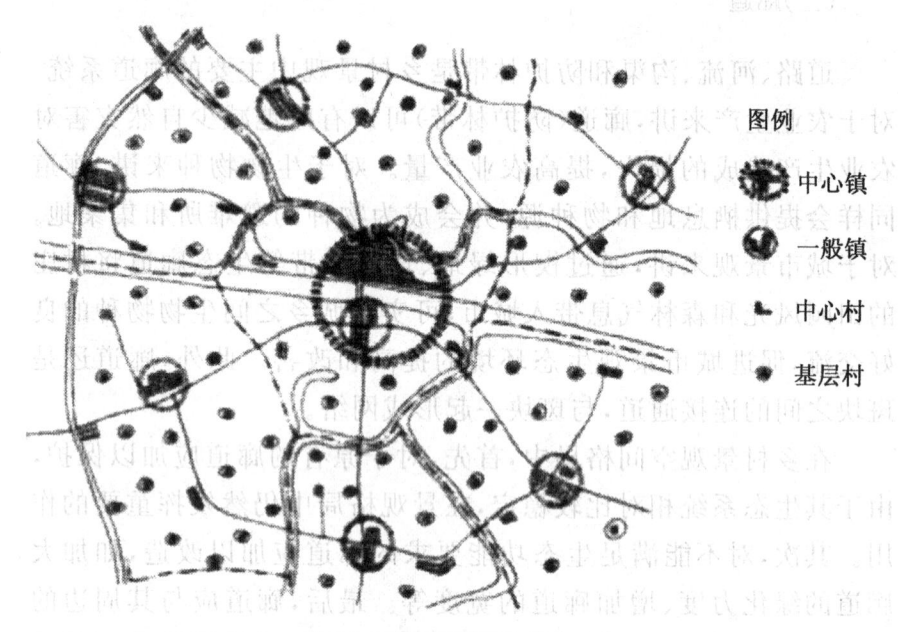

图 5-2 村庄聚落层次划分示意
(资料来源:赵德义、张侠,2009)

图例:中心镇、一般镇、中心村、基层村

(二)村庄聚落规模

按照《镇规划标准》(GB 50188—2007),村庄聚落根据规划人口规模数量分别划分为特大、大、中、小型四级(表5-1)。

表 5-1 村庄聚落规模划分　　　　　　　　　　　　　单位:人

规划人口规模分级	镇区	村庄
特大型	>50000	>1000
大型	30000~50000	601~1000
中型	10001~30000	201~600
小型	≤10000	≤200

(资料来源:赵德义、张侠,2009)

(三)影响村庄聚落布局的因素

村庄聚落布局影响着村庄整体景观格局,而影响村庄聚落布局的因素有以下几个方面。

(1)自然条件。地形、地貌、水文、地质和气候自然条件以及地震、台风和滑坡等自然灾害制约着村庄聚落的布局。如平原地区聚落分布稠密,山区则较稀疏,河网地区较稠密,干旱地区较稀疏等。

(2)资源状况。由于土地、矿产、水、森林和生物等村庄资源的性质、储量和分布范围不同,极大地影响着村庄聚落的布局。一般来说,村庄资源丰富的地区,聚落分布较稠密,反之,则较稀疏。

(3)交通运输。对外交通运输的发达程度直接影响村庄聚落的经济繁荣,决定了其是否具有吸引力,从而有可能改变它们在空间上的布局。

(4)人口规模。村庄聚落的形成和发展与人口规模有直接的关系,人口规模大的地区,聚落分布密度也较大,反之,则密度较小。

(5)区域经济。区域经济对村庄聚落布局的影响来自两个方面:一方面是周边城市的辐射能力;另一方面是村庄区域原有的经济布局。

(四)村庄聚落与生产环境

对于以农业生产为主的村庄聚落,耕作制度和耕作方式是影响村庄聚落规模和布局的主要因素。一般来说,对于耕作制度,南方的稻作农业区,劳动强度大,耕作半径小,聚落规模小,密度大;北方的旱作农业区,劳动强度轻,耕作半径较大,聚落规模也较大。对于耕作方式,以手工为主的耕作方式,耕作半径小,对应的聚落规模也较小;以机械化为主的耕作方式,集约化程度相应提高,耕作半径扩大成为可能,对应的聚落规模也较大。

目前,各地开展拆村并点工作,聚落和人口规模有所扩大,聚落之间的间距也相应增大。这不仅是土地资源优化配置的要求,而且也是城市化的必然过程,同时也与现代农业生产方式相适应。

(五)村庄聚落的布局形式

村庄聚落的布局主要依据其在结构体系中的层次、规模和数目来确定,同时考虑聚落之间的联系强度、经济辐射范围以及用地的集约性,并与村庄道路网、灌排水系统相协调。目前,村庄聚落的布局形式主要有以下几种。

1. 集团式

集团式是平原地区普遍存在形式,其布局紧凑、土地利用率高、投资少、施工方便、便于组织生产和改善物质文化生活条件。但由于布局集中、规模大,造成农业生产半径大。这种方式比较适合机械化程度较高的平原地区。

2. 卫星式

卫星式是一种由分散向集中布局的过渡形式,体现了聚落结构体系中分级的特征。其优点在于现状与远景相结合,既能从现有生产水平出发,又能兼顾经济发展对村庄聚落布局的新要求。

3. 自由式

自由式是指村庄聚落在空间布局形态上呈现无规律分布的一种格局,在村庄地区比较常见,分布也比较广泛,尤其在受地形、交通等条件限制的丘陵山区。这种布局形式较能体现人与自然协调发展的聚居模式,反映小农经济的生产方式,但对于组织大规模生产、改善村庄物质文化生活是十分不利的。

4. 条带式

条带式主要是聚落沿着山麓地带、河流和公路等沿线呈条带状分布的一种布局。这种布局方式决定了耕作范围垂直于聚落延伸方向发展,耕作半径较小,便于农业生产。但是建设投资较大,资源较集团式浪费。

　　不同的布局方式有其优缺点,不能因某种方式缺点较多就加以否定,每一种方式的存在都有其特定的环境和历史原因。在城市化快速发展的今天,根据社会经济发展的需要,村庄聚落适当集中,有利于资源利用最大化,有效增加常用耕地面积,缓和人地矛盾。同时,也要保存村庄聚落形态发展、演变的历史文脉,因地制宜地选择合适的村庄聚落布局形式,丰富村庄聚落的空间景观格局。

　　通过对乡村景观规划的研究论述,在进行具体的规划过程中,启示规划者要结合上位规划与外围环境,全面统筹剖析自身的优势资源,认清现存的问题,并寻找适合乡村整体发展的景观规划形式,从而促进经济发展和人民生活条件的改善。可以说,乡村景观规划是改造民居、完善公共服务设施的重要途径。同时需要指出的是,乡村景观规划还需要结合国家的政策与制度,积极探索机制体制改革,最终使乡村景观与生态、生活、文化协调发展。

第六章 乡村聚落景观与农业景观规划

乡村聚落景观、农业景观是当前农村中非常普遍的形式。从根本上而言，乡村就是村民群体聚集在一起逐渐形成的。本章就来研究乡村聚落景观、农业景观规划这两个层面的内容。

第一节 乡村聚落景观规划

一、乡村聚落景观形态构成

"聚落"一词在《史记·五帝本纪》中已经出现："一年而所居成聚，二年成邑，二三年成都。"注曰："聚谓村落也。"《汉书·沟洫志》则云："或久无害，稍筑室宅，遂成聚落。"[①]聚落包括房屋建筑、街道或聚落内部的道路、广场、公园、运动场等活动和休息的场所，供居民洗涤饮用的池塘、河沟、井泉，以及聚落内的空闲地、蔬菜地、果园、林地等组成部分。乡村聚落是乡村景观的一个重要组成部分，是视觉所能直接感觉到的，其形态的发展与演变对乡村整体的景观格局产生重要的影响。

（一）乡村聚落的产生

众所周知，中国是世界上人类的发源地之一。大约 200 万~300 万年前，人类逐渐从自然界分离出来。但在人类聚落产生以前，最初的生活场所仍不得不完全依靠自然，过着巢居和穴居的

---

① 金其铭. 农村聚落地理[M]. 北京：科学出版社，1988：1.

第六章　乡村聚落景观与农业景观规划

生活,这些居住方式在古文献和考古遗址中均得到了证实。根据《庄子·盗跖》中记载:"古者禽兽多而人少,于是民皆巢居以避之,昼拾橡栗,暮栖木上,故命之曰'有巢氏之民'。"《韩非子·五蠹》中也有类似的记载:"上古之世,人民少而禽兽众,人民不胜禽兽虫蛇。有圣人作,构木为巢,以避群害,而民悦之,使王天下,号之曰有巢氏。""下者为巢,上者为营窟。"(《孟子·滕文公》)充分说明了巢居和穴居的两种居住方式,在地势低洼的地方适合巢居,而在地势较高的地方可以打洞窟,适合穴居。巢居和穴居成为原始聚落发生的两大渊源。

到了新石器时代,开始出现畜牧业与农业的劳动分工,即人类社会的第一次劳动大分工。许多地方出现了原始农业,尤其在黄河流域和长江流域出现了相当进步的农业经济。随着原始农业的兴起,人类居住方式也由流动转化为定居,从而出现了真正意义上的原始聚落——以农业生产为主的固定村落。

河南磁山和裴李岗等遗址,是我国目前发现的时代最早的新石器时代遗址之一,距今7000多年。从发掘情况看,磁山遗址已是一个相当大的村落。这一转变对人类发展具有不可估量的影响,因为定居使农业生产效率提高,使运输成为必要,同时也促进了建筑技术的发展,使人们树立起长远的生活目标,强化了人们的集体意识,产生"群内"和"群外"观念,为更大规模社会组织的出现提供了前提。在众多的乡村聚落中,那些具有交通优势或一定中心地作用的聚落,有可能发展成为当地某一范围内的商品集散地,即集市。集市的进一步发展,演化为城市。

原始的乡村聚落都是成群的房屋与穴居的组合,一般范围较大,居住也较密集。到了仰韶文化时代,聚落的规模已相当可观,并出现了简单的内部功能划分,形成住宅区、墓葬区以及陶窑区的功能布局。聚落中心是供氏族成员集中活动的大房子,在其周围则环绕着小的住宅,小住宅的门往往都朝着大房子。陕西西安半坡氏族公社聚落和陕西临潼的姜寨聚落就是这种布局的典型代表。

陕西西安半坡氏族公社聚落形成于距今五六千年前的母系氏族社会。其遗址位于西安城以东 6 千米的浐河二级阶地上，平面呈南北略长、东西较窄的不规则圆形，面积约为 5 万平方千米，规模相当庞大。经考古发掘，发现整个聚落由三个性质不同的分区组成，即居住区、氏族公墓区和制陶区。其中，居住房屋和大部分经济性建筑如储藏粮食等物的窖穴、饲养家畜的圈栏等集中分布在聚落的中心，成为整个聚落的重心。在居住区的中心，有一座供集体活动的大房子，门朝东开，是氏族首领及一些老幼的住所，氏族部落的会议、宗教活动等也在此举行。大房子与所处的广场便成整个居住区规划结构的中心。

46 座小房子环绕着这个中心，门都朝向大房子。房屋中央都有一个火塘，供取暖煮饭照明之用，居住面平整光滑，有的房屋分高低不同的两部分，可能分别用作睡觉和放置东西之用。房屋按形状可分为方形和圆形两种。最常见的是半窑穴式的方形房屋，以木柱作为墙壁的骨干，墙壁完全用草泥将木柱裹起，屋面用木椽或木板排列而成，上涂草泥土。居住区四周挖了一条长而深的防御沟。居住区壕沟的北面是氏族的公共墓地，几乎所有死者的朝向都是头西脚东。居住区壕沟的东面是烧制陶器的窑场，即氏族制陶区。居住区、公共墓地区和制陶区的明显分区，表明朴素状态的聚落分区规划观念开始出现。

陕西临潼的姜寨聚落也属于仰韶文化遗存，遗址面积为 5 万多平方米。从其发掘遗址来看，整个聚落也是以环绕中心广场的居住房屋组成居住区，周围挖有防护沟。内有四个居住区，各区有十四五座小房子，小房子前面是一座公共使用的大房，中间是一个广场，各居住区房屋的门都朝着中心，房屋之间也分布着储存物品的窖穴。沟外分布着氏族公墓和制陶区，其总体布局与半坡聚落如出一辙。

由此可见，原始的乡村聚落并非单独的居住地，而是与生活、生产等各种用地配套建置在一起。这种配套建置的原始乡村聚落，孕育着规划思想的萌芽。

(二)乡村聚落形态的类型

乡村聚落形态主要指聚落的平面形态。传统乡村聚落大多是自发性形成的,其聚落形态体现了周围环境多种因素的作用和影响。尽管乡村聚落形态表现出千变万化的布局形式,但归纳起来主要有以下两大类。

1. 聚集型

在聚集型乡村聚落内,按照聚落延展形式又可分为以下三种形式。

(1)团状

团状是中国最为常见的乡村聚落形态,一般平原地区和盆地的聚落多属于这一类型,聚落平面形态近于圆形或不规则多边形,其南北轴与东西轴基本相等,或大致呈长方形。这种聚落一般均位于耕作地区的中心或近中心,地形有利于建造聚落的部位。

(2)带状

带状一般位于平原地区,在河道、湖岸(海岸)、道路附近呈条带状延伸。这里接近水源和道路,既能满足生活用水和农业灌溉的需要,也能方便交通和贸易活动的需要。这种乡村聚落布局多沿水陆运输线延伸,河道走向或道路走向成为聚落展开的依据和边界。在地形复杂的背山面水地区,联系两个不同标高的道路往往成为乡村聚落布局的轴线;在水网地区,乡村聚落往往依河岸或夹河修建;在黄土高原,乡村聚落多依山谷、冲沟的阶地伸展而建;在平原地区,乡村聚落往往以一条主要道路为骨架展开。

(3)环状

环状是指山区环山聚落及河、湖、塘畔的环水聚落。它也是串珠状聚落及条带状聚落的一种,有的地方称为"绕山建",这种聚落类型并不常见。

2. 散漫型

散漫型聚落只是散布在地面上的居民住宅。在我国，散村大多是按一定方向，沿河或沿大道呈带状延伸。它广泛分布于全国各地，东北称这种散村为"拉拉街"，住宅沿道路分布，偶有几户相连，其余一幢幢住宅之间均相隔百十米，整个聚落延伸达一二千米至三四千米。个别可达十余千米（如黑龙江省密山市朝阳村达12千米）。这种布局对公共福利设施及村内居民活动均不方便，对机械化也不利。

(三)乡村聚落的景观构成

人们对于乡村聚落的总体印象是由一系列单一印象叠加起来的，而单一印象又经人们多次感受所形成。人们对乡村聚落的印象和识别很多是通过乡村聚落的景观形象获取的。凯文·林奇(Kevin Lynch)在《城市意象》(*The Image of the City*)中把道路、边界、区域、节点和标志物作为构成城市意象中物质形态的五种元素。[①]

林奇认为这些元素的应用更为普遍，它们总是不断地出现在各种各样的环境意象中。乡村聚落是与城市相对的，尽管两者形式各异，面貌不同，但是构成景观空间的要素是大同小异的。

1. 空间层次

当人们由外向内对典型乡村聚落进行考查时，会发现村镇景观并非一目了然，内部空间也不是均质化处理，而是有层次、呈序列地展现出来。村镇的空间层次主要表现在村周环境、村边公共建筑、村中广场和居住区内节点四个层次上。

(1)村周环境

水口建筑是村镇领域与外界空间的界定标志，加强了周边自

---

① Kevin Lynch. *The Image of the City* (24th)[M]. Cambridge: the MIT press, 1996: 46—47.

然环境的闭合性和防卫性,具有对外封闭、对内开放的双重性,是聚落景观的第一道层次。

(2)村边公共建筑

转过水口,再经过一段田野等自然环境,就可以看到村镇的整体形象。许多村镇在村镇周围或主要道路旁布置有祠堂、鼓楼、庙宇、书院和牌坊等公共建筑,这些村边建筑以其特有的高大华丽表现出村镇的文化特征和经济实力,使村边景观具有开放性和标志性,是展示村镇景观的重点和第二道层次。

(3)村中广场

穿过一段居住区中的街巷,在村中的核心部位,可以发现一个由公共建筑围合的广场,这个处于相对开敞的场所,由于村民的各种公共活动与封闭的街巷形成空间对比,是展示聚落景观的高潮和第三道层次。

(4)居住区内节点

在鳞次栉比的居住区中,还可以发现由井台、支祠、更楼等形成的节点空间,构成了村民们日常活动的场所和次要中心,可以看作聚落景观的第四道层次。

2. 景观构成

(1)边沿景观

乡村聚落边沿是指聚落与农田的交接处,特别是靠近村口的边沿,往往是人们重点处理的地区,这是风水观念所决定的,它往往表现出村落的文化氛围和经济基础。从现有资料中可以发现,村边多布置祠堂、庙宇、书院等建筑,以这些公共建筑为主体或中心的聚落边沿往往表现出丰富的聚落立面和景观,如皖南黟县宏村南湖的边沿景观,如图6-1所示。

(2)居住区

乡村聚落中居住区具有连续的形体特征或是相同的砖砌材料和色彩,正是这种具有同一性的构成要素才形成具有特色的居住区景观。在聚族而居的地区,组团是构成居住区的基本单位。

组团往往由同一始祖发源的子孙住宅组成,或以分家的数兄弟为核心组成组团,如皖南关麓村,由兄弟八家为核心组成组团次中心,各组团间既分离又有门道相通,表现出聚族而居的特性,如图6-2所示。

图 6-1　皖南黟县宏村南湖的边沿景观

图 6-2　皖南关麓村

(3)广场

乡村聚落中的广场是景观节点的一种,同时具有道路连接和人流集中的特点,它也是乡村聚落的中心和景观标志。在传统乡村聚落中,较常见的广场有宗教性广场(如九华山上的九华街广场)、商业性广场(云南大理周城四方街广场)和生活性广场(皖南宏村的"月塘"广场），如图 6-3 所示。

图 6-3　皖南宏村的"月塘"广场

在多数情况下，广场作为乡村聚落中公共建筑的扩展，通过与道路空间的融合而存在的，是聚落中居民活动的中心场所。许多乡村聚落都以广场为中心进行布局。

（4）标志性景观

在乡村聚落周边往往散布着一些零散的景观，这些景观的平面规模不大，但往往因其竖向高耸或横向展开，加之与地形的结合，成为整个聚落景观的补充或聚落轮廓线的中心，它们往往与周围山川格局一样成为村镇内部的对景和欣赏对象。

常见的标志性景观有吉树（也称风水树，如云南村落的大榕树）、墩、桥、塔、文昌阁、魁星楼和庙宇等，这些标志性景观多位于水口和聚落周围的山上。例如，皖南西递村水口图上就有文峰塔、文昌阁、魁星楼、关帝庙、水口庵、牌坊等标志性景观。

（5）街巷

传统乡村聚落的街巷是由民居聚合而成，它是连接聚落节点的纽带。街巷充满了人情味，充分体现了"场所感"，是一种人性空间。这种街巷空间为乡村居民的交往提供了必要和有益的场所，它是居住环境的扩展和延伸，并与公共空间交融，成为乡村居民最依赖的生活场所，具有无限的生机和活力。

(6)水系

乡村聚落的选址大多与水有关,除了利用聚落周围的河流、湖泊外,人们还设法引水进村。开池蓄水,设坝调节水位,不仅方便日常生活使用和防火,而且还成为美化和活跃乡村聚落景观的重要元素。例如,皖南的棠樾村就是设坝调节水位;皖南的呈坎村引水入村,沿街布局,使水流经各户宅前屋属;皖南黟县宏村引水入村,并开池蓄水形成"月塘"等。

二、乡村聚落景观规划与设计

从历史的角度来看,乡村聚落的发展过程带有明显的自发性。随着城市化进程和乡村居民生活水平的提高,大批乡村聚落面临改建更新的局面。按照以往的做法,每家每户根据经济条件自行改造更新,造成乡村建筑布局与景观混乱的现象。乡村更新没能有效地保护和继承乡村聚落的固有风貌,反而造成更多景观上的新问题。

总结以往的经验教训,乡村聚落景观规划与设计一定要摆脱一家一户分散改造更新的模式,采用统一规划、统一建设和统一管理的办法规划景观。乡村聚落景观规划与设计的目的如下所述。

(1)营造具有良好视觉品质的乡村聚居环境。

(2)符合乡村居民的文化心理和生活方式,满足他们日常的行为和活动要求。

(3)通过环境物质形态表现蕴含其中的乡土文化。

(4)通过乡村聚落景观规划与设计,使乡村重新恢复吸引力,充满生机和活力。聚落布局和空间组织以及建筑形态要体现乡村田园特色,并延续传统乡土文化的意义。

(一)乡村聚落整体景观格局

乡村聚落景观面临更新的局面,传统聚落在当今社会与经济发展中已经很难满足现代生活中的各种需要,另外,并非传统聚落的空间元素和设计手法都适用于聚落景观更新的规划与建设。尽管今天的聚落已不可能也不应该是早先的聚落,但它必定带有原有聚落的基本特征,其中的一些重要特质和优点在今天的生活环境中仍然是良好的典范。例如,聚落与乡村环境肌理的和谐统一;可识别的村落景观标志;宜人的建筑和空间尺度;良好的交往空间等。

国外在这方面有很多成功经验,如在乡村聚落更新中,德国在创造新的景观发展和新的景观秩序时,非常注意历史发展中的一些景观特性,很好地保持了历史文化的特性,表现为以下几个方面。

(1)聚落形态的发展与土地重划及老的土地分配方式相吻合,使人们能够了解当地的历史及土地耕作过程(辐射型)。

(2)对于丧失原有功能的建筑,引入新的功能,使其重新复活。

(3)对外部空间的街道和广场空间进行改造,使其重新充满生机。

(4)在对传统建筑认识的基础上,创造了新的建筑形式与使用模式,如生态住宅。

(5)对已经遭到生态破坏的乡村土地、水资源,通过景观生态设计又重新找到了补救的方法。

对于需要更新改造的乡村聚落,在对其特色、价值及现状重新认识与评价之后,确定乡村聚落景观的更新方向,为聚落内在和外在的同步发展起导向作用。例如,聚落中心的变化和边缘的扩展,都必须朝向一个共同的第三者,即不再是原来的传统聚落,也不是对城市社区的粗劣模仿。这意味着在聚落内部需要有创新的措施来适应居民当前的要求,在聚落外部则要有一个整合的计划,以使其在聚落景观结构及建筑空间上更好地与周围的景观环境及聚落中心相协调。

乡村聚落只有持续地改进其功能与形式,才能得以生动地保护与发展。聚落的发展需要表现其在历史上的延续性,这种延续性会加强聚落的景观特色及不可替代性。因此,在乡村聚落景观格局的塑造上应该遵循以下条件。

(1)聚落的更新与发展充分考虑与地方条件及历史环境的结合。

(2)聚落内部更新区域与外部新建区域在景观格局上协调统一。

(3)赋予历史传统场所与空间以具有时代特征的新的形式与功能,满足现代乡村居民生活与休闲的需要。

(4)加强路、河、沟、渠两侧的景观整治,有条件地设置一定宽度的绿化休闲带。

(5)突出聚落入口、街巷交叉口和重点地段等节点的景观特征,强化聚落景观可识别性。

(6)采用景观生态设计的手法,恢复乡村聚落的生态环境。

在城市化和多元文化的冲击下,乡村聚落整体景观格局就显得格外的重要。乡村聚落的景观意义在于景观所蕴含的乡土文化所给予乡村居民的认同感、归属感以及安全感。只有在乡村居民的认同下,才能确保乡村聚落的更新与发展。

(二)乡村建筑

乡村建筑是以传统民居为主的乡土建筑。中国具有丰富的乡土建筑形式和风格,无不反映着当时当地的自然、社会和文化背景。乡土建筑在长期的发展过程中一直面临着保护与更新发展的问题,但其又有着良好的传承性,使人从中把握历史的发展脉络,这种传承性直到工业文明尤其是现代主义泛滥之后才出现裂痕。

当前,城市型建筑形式不断侵蚀着乡村聚落,新建筑在布局、尺度、形式、材料和色彩上与传统聚落环境及建筑形式格格不入,乡村建筑文化及特色正在丧失。乡村建筑更新与发展需要统一规划,确定不同的更新方式。在乡村聚落内部,即保留的区域,乡村建筑更新与发展面临以下三种方式。

1. 保护

对于有历史或文化价值的乡村建筑,即使丧失了使用功能,也不能轻易拆除,应予以保护和修缮,作为聚落发展的历史见证。

2. 改建

对于聚落中一般旧建筑,应视环境的发展及居住的需求,在尽量维持其原有式样的前提下进行更新,如进行内部改造,以适应现代生活的需要。对于聚落中居民自行拆旧建新造成建筑景观混乱的建筑,如建筑形式、外墙装饰材料及颜色,更需进行改建,这也是目前乡村聚落中普遍存在的问题。由于经济的因素,改建很难完全与整体的聚落环境相协调,但可以改善和弥补建筑景观混乱的现象。

3. 拆除

对于无法改建的旧建筑,应予以拆除。

在乡村聚落外部,即新的建设区域,相对来说,乡村建筑具有较大的设计空间,但需要从当地传统建筑中衍生出来新的可供选择的建筑语言来替代当前普遍的、毫无美学品质的、媚俗的新建筑,这同样适用于拆村并点重新规划建设的乡村聚落。

(三)乡村聚落中的行为活动

杨·盖尔在《交往与空间》一书中,将人们在户外的活动划分为三种类型:必要性活动、自发性活动和社会性活动。对于乡村居民而言,必要性活动包括生产劳动、洗衣、烧饭等活动;自发性活动包括交流、休憩等活动;社会性活动包括赶集、节庆、民俗等活动。

在传统村镇聚落中,有什么样的活动内容,就会产生相应的活动场所和空间。

1. 必要性活动

例如，井台和（河）溪边，这里不仅是人们洗衣、淘米和洗菜的地方，而且是各家各户联系的纽带。因此，人们在井边设置石砌的井台，在溪边设置台阶或卵石，成为人们一边劳动一边交往的重要活动场所。虽然形式简单，但是内容丰富，构成了一幅极具生活情趣的景观画面。

2. 自发性活动

门前或前院是人们与外界交流的场所，路过见面总会打个招呼或寒暄几句。街道的"十字""丁字"路口具有良好的视线通透性，往往是人们驻足、交谈活动较频繁的场所，人流较多。聚落的中心或广场，有大树和石凳，成为老年人喝茶、聊天和下棋的场所，在浙江楠溪江的一些聚落还有专供老人活动的"老人亭"。对于儿童，一堆草、一堆沙和一条小溪都是儿童游戏玩耍的场所。

3. 社会性活动

供人们进行此类活动的场所并不特别普遍，它往往伴随集市、宗祠和庙宇等形成而出现。集市不仅是商品交易的场所，也是人们交流、获取信息的重要途径，同时还是村民休闲、娱乐的好地方。民俗活动，如节庆、社戏和祭祀，由于参与的人多，必须有足够的场地，往往结合祠堂、庙宇和戏台前的场地设置，成为聚落重要的公共活动场所。聚落入口不仅具有防御、出入的功能，还具有一定的象征意义，这种多功能性使之成为迎送客人、休息和交谈等公共活动的场所。

由此可见，中国传统聚落的场所空间与人们的行为活动密不可分。随着社会的进步和生活水平的提高，乡村居民的生活方式与活动内容发生了一定改变，传统村镇聚落的一些场所已经失去了原有功能，如井台空间，自来水的普及使人们无须再到户外的井边或河（溪）边洗衣、洗菜。对于这样一些与现代生活不相适应的空间场所,并不意味着要把它完全拆除,一方面它是聚落发展的一个历史见证;另一方面,可以通过对井台环境的改造,使之成为休闲交流的场所,让其重新充满活力。

现代乡村居民除了日常交往外,对休闲娱乐的需求日益增加,如健身锻炼、儿童游戏、文艺表演、节日庆典和民俗活动等,这就需要有相应的活动场所。对于新建的乡村聚落,场所空间的景观规划设计应体现现代乡村生活特征,满足现代生活的需要。

(四)乡村聚落场所空间景观

1. 街道景观

乡村聚落街道景观不同于城市街道景观,除了满足交通功能外,还具有其他功能,如连接基地的元素,居民生活和工作的场所,居民驻留和聊天的场所。景观规划设计既要满足交通功能,又要结合乡村街道特征,如曲直有变,宽窄有别,路边的空地,交叉口小广场及景点等,体现乡村风味。影响街道景观的元素不仅仅是两侧的建筑物,路面、人行道、路灯、围栏与绿化等都是凸显街景与聚落景观的重要元素,因此,必须把它们作为一个整体来处理。

(1)路面

大面积使用柏油或混凝土路面,不仅景观单调,而且也体现不出乡村的环境特色,因此需要根据街道的等级选择路面材料。对于车流量不大的街道,选用石材铺装,如小块的石英石,显得古朴而富有质感。对于无人行道的路面两侧边缘不设置过高的路缘石,路边侧石与路面等高或略高出路面一点儿即引。

(2)人行道

除非交通安全上有极大的顾虑,否则人行道应尽量与路面等高或略高一点儿,通过铺装材质加以分隔或界定。材料最好选用当地的石材。

（3）路灯

灯具是重要的街道景观元素。乡村街道照明方式与城市不同，不适宜尺度过高的高杆路灯。小尺度的灯具不仅能满足照明，而且与乡村街道的空间尺度相吻合，让人感觉亲切与舒适。灯具的造型也要与环境相协调，体现当地的文化内涵。

（4）围栏

对于乡村环境，不宜用混凝土或砖砌的围墙。围栏最好以木材、石材或绿篱等自然材料，给人简单、自然、质朴的感觉，它们永远适合于乡村地区。

（5）绿化

路面或人行道两侧与绿化交接处不用高出的侧石作为硬性分隔，而是通过灌木丛或草坪塑造自然柔性的边界。除非地形因素，一般不采用砌筑的绿化形式，如花池。另外，人工的花坛、花盒、花盆也是一样，除非绿化条件困难而采用这种方式作为补救措施，否则一般最好不要使用。

2. 亲水空间

水空间是传统乡村聚落外部交往空间的重要组成部分，这不仅在于水是重要的景观要素，更主要的是其实用价值和文化内涵满足了生活、灌溉、防火以及风水的要求。除了自然的河、溪流外，没有自然条件的聚落，也采取打井、挖塘来创造水空间。

浙江杭州滨江区浦沿镇东冠村有450多年的历史，村内散布着四个大小不一的池塘，分别为安五房大池、宣家大池、傅家大池和曹家大池，当时修建这些池塘是出于以下两个原因。

（1）几大家族为解决村民生活、生产用水而修建的。

（2）风水上的需要。

随着现代乡村居民生活方式的改变，这些池塘由于失去了原有的功能而逐渐废弃了。然而，这些池塘的生态、美学及游憩价值并没有丧失，仍然能成为适合不同人群的交往活动场所和空间。目前，东冠村结合聚落的更新，对这些池塘进行分批改造，为居民营造多个休闲游憩的亲水空间,使其重新充满生机和活力。已经治理改建的曹家大池修建了驳岸和亭子,成为聚落的公共活动场所,但在景观生态设计方面还比较欠缺。

对于新开发建设的乡村聚落,应根据自然条件,结合原有的沟、河、溪流和池塘设置水景,避免为造景而人为开挖建设的水景。各式各样的水域及水岸游憩活动,都可能寻得合适的空间环境作为活动发展的依托。例如,中国台湾乌溪流域乡村溪流景观游憩空间的设计,更多的是从乡村旅游的角度满足人们日趋增长的休闲游憩的需求。溪流游憩空间的设计目标应随基地环境的不同而有所差异,然而溪流环境本身具备自然资源廊道、脆弱的生态等相同的环境基本特性。因此,其整体设计目标又有共同性,即一方面满足游客休闲游憩的需求;另一方面保护溪流的生态环境。该项目把溪流游憩活动特性总结为以下三类。

(1)水中活动,包括游泳戏水、捉鱼捉虾、溯溪和非动力划船。

(2)水岸活动,包括急流泛舟、休息赏景、打水漂和钓鱼。

(3)滩地活动,包括骑自行车、野餐烤肉和露营。

在游憩项目设置上,根据不同地段溪流特性来确定具体的游憩活动。在生态环境保护上,对溪流驳岸栖地提出了改善策略,主要有通过改变水体状态、配置躲避空间、增减水岸遮蔽物、增加事物来源以及复合处理等方式。

3. 老年中心

传统乡村聚落虽然有许多老年人的活动场所,但是都在室外,受气候等自然条件影响较大。如今,由于年轻人外出打工以及生活水平和医疗条件的改善,现代乡村聚落中也开始出现老龄化现象,因此乡村聚落在更新时结合当地的条件设置老年中心是有必要的。

例如,1998年,浙江柯桥镇新风村投资270万元修建了具有江南园林风格的村老年活动中心,面积近6 000平方米。老年活动中心是新风村实施的一项"夕阳红工程",集小桥流水、假山石径、楼台亭阁、鱼池垂钓、四季花木和休闲娱乐于一体,设有棋牌、影视、书报和茶座等项目,已成为全村重要的休闲娱乐场所。

4. 儿童场地

传统乡村聚落没有专供儿童娱乐的活动场所,水边、空地和庭院成为他们游戏玩耍的主要场所。乡村聚落的更新应考虑儿童的活动空间,满足他们的需要。儿童场地应具备相应的游戏玩耍设施,如滑梯、秋千、跷跷板、吊架和沙坑等。考虑儿童喜水的特点,可以结合浅缓的溪流、沟渠设计成儿童涉水池。如具有自然性和生态性的农用水道景观,也能成为儿童的游憩场所。

5. 广场

服务于现代乡村居民的娱乐、节庆和风俗活动的往往是乡村聚落的广场。与传统不同,现代乡村聚落广场往往与聚落公共建筑和集中绿地结合在一起,并赋予更多的功能和设施,如健身场地和设施、运动场地和设施等。乡村聚落的广场必须与乡村居民的生活方式和活动内容结合起来,严禁在乡村地区仿效城市搞所谓大广场等形象工程。这种现象在一些乡村地区已有出现,广场大而空,多硬质铺装少绿化,不仅占用大量的地,而且很不实用,与乡村环境极不协调。

(五)乡村聚落绿化

绿化能有效地改变乡村聚落景观。在目前村镇建设中,乡村聚落绿化总体水平还比较低,建设也相对比较滞后。从现状看,大多数还停留在一般性绿化上,该绿的地方是绿起来了,但缺乏规划,绿化标准低,绿化档次低。乡村聚落绿化需要整体的规划设计,合理布局,不仅要为乡村居民营造一个优美舒适、生态良好的生活环境,而且也要充分利用有限的土地,最大限度地创造经济效益,增加乡村居民的经济收入。

由于地域的自然、社会和经济条件不同,乡村聚落绿化要坚持因地制宜、适地适树和尊重群众习俗的原则,充分体现地方特色。乡村聚落绿化指标不能一概而论,对于有保护价值的传统聚落,要以保护人文景观为主,不能千篇一律地强调绿化覆盖率;对于旧村的更新改造,要照顾到当地的经济实力,实事求是,做到量力而行;对于新建的乡村聚落,则可以相应地提高绿化标准,绿地率要达到30％以上。

1. 乡村聚落绿化类型

乡村聚落绿化类型一般分为以下几种。

(1)庭园绿化,包括村民住宅、公共活动中心或者机关、学校、企业和医院等单位的绿化。

(2)点状绿化,指孤立木,多为"风水树"和古树名木,成为乡村聚落的标志性景观,需要妥善保护。

(3)带状绿化,是乡村聚落绿化的骨架,包括路、河、沟、渠等绿化和聚落防护林带。

(4)片状绿化,结合乡村聚落整体绿化布局设置,主要指聚落公共绿地。

2. 村民庭院绿化

目前,大多数乡村居民的庭院,绿化与庭院经济相结合,春华秋实,景致宜人,体现出农家田园特色。庭院除种菜和饲养家畜外,绿化一般选择枝叶展开的落叶经济树种,如果、材两用的银杏,叶、材两用的香椿,药、材两用的杜仲,以及梅、柿、桃、李、梨、杏、石榴、枣、枇杷、柑橘和核桃等果树。同时在房前道路和活动场地上空搭棚架,栽植葡萄。

对于经济发达的乡村地区,乡村庭院逐渐转向以绿化、美化为主,种植一些常绿树种和花卉,如松、柏、香樟、黄杨、冬青、广玉兰、桂花、月季和其他草本花卉。此外,还可用蔷薇、木槿、珊瑚树和女贞等绿篱代替围墙,分隔相邻两家的庭院。屋后绿化以速生用材树种为主,大树冠如棕榈、杨树,小树冠如刺槐、水杉等。此外,在条件适宜的地区,可在屋后发展淡竹、刚竹,增加经济收入。

3. 聚落街道绿化

树种与经济树种街道绿化形成乡村聚落绿化的骨架,对于改善聚落景观起着重要作用。根据街道的宽度,考虑两侧的绿化方式,需要设置行道树时,应选择当地生长良好的乡土树种,而且具备主干明显、树冠大、树阴浓、树形美、耐修剪、病虫害少和寿命长的特点,如银杏、泡桐、黄杨、刺槐、香椿、楝树、合欢、垂柳、女贞和水杉等乔木。行道树结合经济效益考虑时,可以选用银杏、辛夷、板栗、柿子、大枣、油桐、杜仲和核桃等经济树种。由于街道宽度的限制而无法设置行道树时,可以选用棕榈、月季、冬青、海棠、紫薇、小叶女贞和小叶黄杨等灌木,或结合花卉、草坪共同配置。

4. 公共绿地

公共绿地是目前许多乡村聚落景观建设的重点,各种农民公园成为公共绿地的主要形式。公共绿地应结合规划,利用现有的河流、池塘、苗圃、果园和小片林等自然条件加以改造。根据当地居民的生活习惯和活动需要,在公共绿地中设置必要的活动场地和设施,提供一个休憩娱乐场所。除此以外,公共绿地强调以自然生态为原则,避免采用人工规则式或图案式的绿化模式。植物选择上以当地乡土树种为主,并充分考虑经济效益,以体现乡村自然田园景观。

例如,浙江余姚市泗门镇小路下村是"宁波市园林式村庄""宁波市生态村"和"浙江省卫生村"。2005年10月,小路下村被正式命名为"首批全国文明村"。自2002年起,小路下村先后兴建了"一大两小"三座绿色公园,分别是新村公园、南门公园和文化公园。

新村公园位于新建好的新村住宅区,占地约6700平方米。南门公园位于该村南大门,占地为3300平方米。文化公园位于村中心位置,占地面积达33000平方米,投资300万元,是余姚市档次最高、规模最大的村落文化公园。公园以绿色为主题,有文化宫、小桥凉亭、石桌、戏台和广场等设施,有香樟、香椿、广玉兰等树木花草上百种。另外,文化公园还有一棵高达 20 米、树龄达 150 年以上的银杏树。文化公园的建成,为全体村民和广大外来务工人员提供了一个休闲、娱乐和健身的高雅场所,也进一步提高了文明村和园林村的品位。

5. 聚落外缘绿化

乡村聚落外缘具有以下特点。

(1)它是聚落通往自然的通道和过渡空间。

(2)与周围环境融为一体,没有明显的界限。

(3)提供了多样化的使用功能。

(4)表达了地方与聚落的景象。

(5)是乡村生活与生产之间的缓冲区,它能达到生态平衡的目的。

目前新建的大多数乡村聚落,绿化建设只注重内部绿化景观,而不注重外缘绿化景观,建筑群矗立在农业景观中,显得非常突兀,与其周围环境格格不入。每幢建筑物独立呈现,与地形缺乏关联性,与田地块缺乏缓冲绿带,这是村镇建设中聚落破坏自然景观的一种突出现象。

乡村聚落应注重外缘绿色空间的营造,但并不是意味着围绕聚落外缘全部绿化,而是因地制宜,利用外缘空地种植高低错落的植被,并与外围建筑庭院内的植被共同创造聚落外缘景观,形成良好的聚落天际轮廓线,并与乡村的田园环境融为一体。

一般来说,聚落人口是外缘绿化的重点,这在传统村镇聚落景观中得到充分体现。例如,浙江腾头村的村口景观虽然已不具备传统的使用功能,但作为聚落的景观形象的作用还是存在的。外缘绿化一般考虑经济树种为宜,除美化环境外,还能取得较高的经济效益。为防风沙侵害,聚落外缘绿化还具有护村的作用,一般在迎主风向一侧设护村林带,护村林带可结合道路、农田林网设置。

第二节　农业景观规划

一、乡村农业景观形态构成

中国农业产生于新石器时代,是世界农业发源地之一,距今已有长达八九千年的悠久历史。在漫长的发展过程中,中国农业曾有过许多领先于世界的发明创造,但是也经历过长期停滞不前的时期。

农业景观是人类长期社会经济活动干扰的产物。在建立大的生产综合体和城市时,需要改造自然。产生这种需要的原因在于人们对土地生产力的要求在不断增长,人们力求提高过去已开发的土地的生产力,并继续开发不生产的地域和水域。

(一)演变阶段

从人文学科的角度,乡村这个特定的经济区域分为五个历史发展阶段,即原始型乡村、古代型乡村、近代型乡村、现代型乡村和未来型乡村。目前。中国乡村正处于由近代型向现代型过渡的阶段。虽然乡村的五个历史发展阶段能反映出农业景观演变的一些特征和原因,但是这不能作为农业景观演变阶段划分的依据。农业景观的演变与农业科技的发展密不可分,因此农业景观演变阶段的划分不仅要考虑社会发展史,更重要的是要结合农业发展史,这样才能更全面地分析不同历史阶段农业景观演变的原因。

从世界农业发展史来看,农业生产大体上经历了原始农业、古代农业和现代农业三个阶段,这是以农业生产工具和土地利用方式的不断改进作为划分依据的,也是农业景观演变的根本原因。据此,中国农业景观的发展演变也经历了三个阶段:首先是原始农业景观阶段,其次是传统农业景观阶段,最后是现代农业景观阶段。由于地理区位的差异,实际上三个阶段之间是相互交错重叠的发展关系。虽然现代农业时代已到来,但是总体来说,目前中国还处于传统农业景观向现代农业景观的过渡阶段,少数地方甚至还停留在传统农业阶段。

1. 原始农业景观阶段

原始农业是以磨制石器工具为主,采用撂荒耕作的方法,通过简单协作的集体劳动方式来进行生产的农业。中国的原始农业约有一万年的历史。当时的农业生产工具以磨制石器为主,同时也广泛使用骨器、角器、蚌器和木器。其种类包括:整地工具,如用来砍伐树木和清理场地的石斧,用来翻土和松土的石耜、骨耜、石铲;收割工具,如石刀、石镰、骨镰、蚌镰、蚌刀等。

原始农业对土地的利用可分为刀耕和锄耕两个阶段。刀耕或称"刀耕火种",是用石刀之类砍伐树木,纵火焚烧开垦荒地,用尖头木棒凿地成孔点播种子;土地不施肥,不除草,只利用一年,收获种子后即弃去。等撂荒的土地长出新的草木,土壤肥力恢复后再行刀耕利用。在这种情况下,耕种者的住所简陋,年年迁徙。

到了锄耕阶段,有了石耜、石铲等农具,可以对土壤进行翻掘、碎土等加工,植物在同一块土地上可以有一定时期的连年种植,人们的住处因而可以相对定居下来,形成村落,为以后逐渐用休闲代替撂荒创造了条件。

在新石器时代早期,尽管已有了原始种植业和饲养业,但采集和渔猎仍占重要地位;直至新石器时代晚期,在农业相对发展、人们已经定居下来以后,采集和渔猎仍占一定地位,这是原始农业结构的特点。

中国南北各地的新石器时代考古发掘表明,中国的原始农业不是起源于一地,而是以黄河流域和长江流域两大主要起源中心发展起来的。当时北方黄河流域是春季干旱少雨的黄土地带,以种植抗旱耐瘠薄的粟为代表;长江流域以南是遍布沼泽的水乡,以栽培性喜高温多湿的水稻为代表,它们各自在扩展、传播中交融。

到了新石器时代晚期,水稻的种植已推进到河南、山东境内,粟和麦类也陆续传播到东南和西南各地,终于形成有史以后中国农业的特色。原始农业景观阶段,当时的生产水平较低,农业生产对自然条件的依赖较大,自然化程度高。

2. 传统农业景观阶段

古代农业是使用铁、木农具,利用人力、畜力、水力、风力和自然肥料,主要凭借直接经验从事生产活动的农业。由于这一时期的农业主要是通过在生产过程中积累经验的方式来传承应用并有所发展的,所以又常称为传统农业。

中国的传统农业起源于春秋战国时期,正是从奴隶社会到封建社会的过渡时期。这个阶段农业生产巨大发展的突出标志是铁制农具的出现,不仅使人类改造自然条件的能力大为增强,而且使整个农业生产面貌随之大大改观。由于开始使用铁犁牛耕,便于深耕细作,农业生产出现了一次质的飞跃。在土地利用方式上,基本上结束了撂荒制,开始走上了土地连种制的道路,充分利用土地的精耕细作,种植业和养畜业一步分离。

封建地主制下的小农经济为农业生产提供了有利条件。这一时期除扩大耕地面积以外,更重要的是开始实行深耕易耨、多粪肥田措施,而各地先后兴修的芍陂(安徽)、都江堰(四川)、郑国渠(陕西)等大型水利工程,以及约在西汉末年开始出现的龙骨水车(翻车)又为精耕细作提供了灌溉条件。

从秦汉到魏晋南北朝,北方旱农地区逐渐形成耕—耙—耢的作业体系,建立了一整套抗旱保墒的耕作措施。在江南经过六朝时代的开发,唐宋时适应水田地区的整地耕作要求形成耕—耙—耖的水田耕作技术体系。

唐宋以后,江南地区修筑圩田,形成水网,再用筒车、翻车提灌,做到了水旱无虞;在东南、西南的丘陵山区则修建梯田,有利于生产及水土保持。为了有效地恢复并增进地力,除倒茬轮作外,也更加注重对肥料的施用。

明清以后,中国的商品经济有了一定的发展,促进了粮食生产的商品化,也使全国作物生产的布局有了变化。在土地利用上,除通过北部和西北部的垦殖开发扩大了全国耕地之外,更重要的是由于复种和间、混、套种等多熟制的推广,提高了复种指数,传统的精耕细作技术也有进一步的发展,从而使这个时期主要作物的单产和总产都有所增长。但在中国封建社会长期延续的历史过程中,以劳动集约为特点的农业生产技术体系终未出现质的变化,这是导致近现代农业生产落后的重要原因之一。

3. 现代农业景观阶段

现代农业是有工业技术装备,以实验科学为指导,主要从事商品生产的农业。严格意义上的现代农业阶段是在20世纪初采用了动力机械和人工合成化肥以后开始的,它着重依靠的是机械、化肥、农药和水利灌溉等技术,是由工业部门提供大量物质和能源的农业。现代农业在提高劳动生产率的同时,对环境的污染也日益加重,这已成为现代农业面临的迫切问题之一。

中国从清末至民国初年开始陆续引入西方的近代农业科学技术,如农业机械、化学肥料和农药等,标志着中国开始从传统农业向现代农业过渡。由于近代帝国主义的入侵使中国沦为半殖民地半封建社会,农业日益落后于发达的资本主义国家,基本处于停滞状态。直到1949年中华人民共和国成立后,中国农业才结束了停滞的历史,进入了传统农业向现代农业过渡的快速发展时期。

在传统农业到现代农业的转变过程中,农田景观因受人类社会经济活动干扰,发生了巨大的改变。迫于人口增长对粮食增产的需求,为提高作物产量,过分依赖化肥、农药等的使用,导致土壤、水体、农产品受到污染,生物多样性下降,病虫害产生抗药性,农田生态平衡失调。

随着人类环境意识和食物安全需求的提高,无污染农产品生产已经成为世界农业发展的趋势。以提高能量(光能、石化能等)利用率,降低化肥、农药使用量为核心,建立无污染安全生产体系成为农业科学研究的前沿和重点。农田环境及其质量是建立这一体系的基础。

在自然环境和人类活动的双重影响下,农田景观结构发生了深刻的变化。在研究农田景观演变规律及其驱动力的基础上,探索农田斑块中各种能流、物流以及生物运移规律,对农业生态系统的优化、农田生态系统的科学规划具有重要的理论意义和实践价值。

随着科学技术的突破性进展及其在农业领域的成功应用,现代农业正在向持续发展农业、生态农业、基因农业、精细农业、工厂化农业和蓝色农业等方向发展。

(二)景观特征

不同阶段的农业景观特征是不一样的,具体体现在生产工具、土地利用、自然化程度、景观规模、景观多样性、物种多样性以及生态环境等方面。

1. 原始农业景观特征

(1)生产工具

人类改造自然的能力极其有限,生产水平很低,农具的材料以石、骨、蚌、木为主,生产工具较原始落后。

(2)土地利用

这一阶段土地利用方式采用撂荒农作制,根据土地利用时间的长短,撂荒农作制又分为"生荒农作制"和"熟荒农作制"两种,并从早期的生荒制逐步过渡到晚期的熟荒制,土地利用率较低。

(3)自然化程度

农业生产对自然条件的依赖较大,在生荒制时期,养地或土壤肥力的恢复完全依靠自然力,即使到了熟荒制时期,人力因素逐渐加强,但是仍然主要依靠自然力,自然化程度相当高。

(4)景观规模

尽管当时采用撂荒农作制的土地利用方式,加大了对耕地的实际需求,但是当时人口聚居规模较小,农业景观规模也相对较小。

(5)景观多样性

当时的农作物北方以"粟"为主,南方以"水稻"为主,后来它们各自在扩展、传播中交融。稻米、高粱、黄豆、麦、黍(黏米)、稷(不黏)等"六谷"逐渐成为当时人们的主食,终于形成有史以来中国农业的特色,但当时农作物和种植物种类较少,农业景观多样性较低。

(6)物种多样性

人类改造自然的能力极其有限,人类基本上能够与大自然和谐相处,很好地保持了自然界的生态平衡,物种也十分丰富。

(7)生态环境

这个时期常被形容为"掠夺式"发展,破坏森林,导致水土流失等;这主要是由于农耕文明初期,聚落人口少,刀耕火种所清除的林地需要经过一定时间休息才可以恢复正常,但从长期作用效果看并不构成对以森林资源为代表的自然环境的破坏。只是发展到后期,当人口的增长超越了森林资源所能恢复的临界点,无法恢复时,才导致掠夺式经营。因此,这一时期的生态环境相对较好。

2. 传统农业景观特征

(1)生产工具

春秋战国时期,由于冶铁业的兴起使农具出现了一次历史性的变革——铁制农具代替了木、石材料农具,从而使农业生产力开始了质的飞跃。

(2)土地利用

土地利用方式逐步废弃了撂荒制而采用连种制和其他耕作

方式,土地利用率较原始农业景观阶段有所提高。

(3)自然化程度

农业科技的发展使农业生产中依靠人力的因素得到进一步加强,自然化程度逐步降低。

(4)景观规模

由于人口的急剧增长加大了对耕地的需求,出现了毁林开荒、围湖造田等现象,农业景观规模逐步扩大。

(5)景观多样性

战国、秦汉时期的主要蔬菜有葵、藿、薤、葱、韭等五种,即《黄帝内经·素问》中所说的"五菜"。魏晋至唐宋时期,蔬菜品种不断增多,据《齐民要术》记载,当时蔬菜已达 51 种。之后,还从印度、泰国、尼泊尔等国及地中海引进了黄瓜、茄子、菠菜、莴苣、扁豆、刀豆等新品种。此外,明朝中叶从国外引进了玉米、甘薯、马铃薯等,农作物和种植物种类的增加,使农业景观多样性急剧增加。

(6)物种多样性

由于非理性的掠夺性开发活动,严重破坏了生态平衡,导致环境质量的恶化。生物物种较原始农业阶段有所减少。

(7)生态环境

人口压力的不断加重,迫使人类向自然索取资源和空间。过度的开发超越了环境负载力,草原不断被蚕食,沙漠面积不断扩大,使自然环境中人工的烙印越来越清晰,重蹈原始农业后期森林破坏和水土流失的覆辙,自然生态环境遭到一定的破坏。农业生产,因为它充分利用人们丢弃的有机质废物返回农田,是一种"循环式"发展,因此农业生态系统相对比较稳定。

3. 现代农业景观特征

(1)生产工具

工业和科学技术的迅猛发展,创造了大量的现代化农业生产工具,农业机械化使生产效率得到显著提高。

(2) 土地利用

现代农业的发展使大面积的集约化农田出现成为可能,土地利用得到显著提高。

(3) 自然化程度

尽管自然条件对现代农业仍有影响,但农业生产基本上依靠人力因素,自然化程度进一步降低。

(4) 景观规模

集约化农业生产使农业景观规模较传统农业景观阶段的规模有明显的增大,但是高科技的应用又使景观规模变小。

(5) 景观多样性

农业的专门化和机械化使农业景观变得十分单调,生产量上升的代价是景观多样性的降低。

(6) 生物多样性

依赖于化肥、农药以提高农业生产量,导致土壤、水体、农产品受到污染,生物多样性下降。而且农业的专门化和机械化也降低了生物多样性。

(7) 生态环境

现代农业广泛使用化肥、农药,不仅污染了环境,增加了土壤的侵蚀,而且使病虫害产生抗药性,造成农田生态平衡失调。

二、乡村农业景观规划与设计

(一) 林果园景观规划与设计

现代林果园地是农业景观的重要组成部分,已超出传统生产意义上的果园,是集生产、观光和生态于一体的现代林果园。乡村林果园景观规划设计是以乡村果树林木资源为基础,根据市场的需求,发展乡村经济,协调人与环境、社会经济发展与资源之间的关系。

1. 林果园植物

不同果树是果园的主要植物。果树的种类和品种是按果树区域化的要求和适地适树的原则来确定的。果园种植果树的种类可以是一种或多种,这取决于人们以及市场的需求。果树的品种要良种化,以便其具有长期的竞争力。为了充分利用地力,可以在果树定植后1~4年,利用果树行间间种矮秆作物、瓜蔬菜等,不仅提高果树的产量,而且增加果园的经济效益。间作方式主要有以下几种。

(1)果树与农作物间作,如枣粮间作,果树与豆科作物间作等。

(2)果树与瓜菜间作,如葡萄与黄瓜间作,苹果与西红柿、茄子间作等。

(3)果树与牧草间作,利用果树行间为完全遮阴区,间作牧草,如果园间作紫花苜蓿等。

除了间作外,果园还可以采用立体复合栽培法,进一步提高土地利用和经济效益。例如,在果树树冠和葡萄架下栽培食用菌,在葡萄架下种植草莓或人参等药材也可获得良好的经济效益。

2. 林果园景观与旅游开发

目前,各地乡村林果园资源非常丰富,加之便捷的交通,逐步开发并形成农业生态休闲旅游,成为一种乡村旅游形式。例如,浙江省台州市螺洋休闲果园规划用地为16.25公顷,包括缓坡山地和部分平地以种植枇杷、柑橘和杨梅等果树为主,夹杂零星旱地和稻田。

近年来,随着当地经济的高速增长,人均收入和居民生活水平迅速提高,旅游经济显露出作为新的经济增长点的巨大创业潜力。因此,充分利用螺洋在台州区域经济中的自然景观优势及果树资源优势,将其转化为特色鲜明的旅游休闲产品。该休闲果园规划旨在运用农业高科技手段,引进名、特、优、稀、新品种,创造景色秀丽、终年花开、四季果香、融生产经营与生态旅游于一体的大型休闲观光果园。

林果园的景观旅游开发使农业生产用地向乡村经营型游憩绿地转化,有助于实现乡村景观的社会、经济和生态效益三者的统一,更为重要的是丰富了多种经济方式发展乡村经济,提高乡村居民收入,有助于"三农"问题的解决和新农村的建设。

(二)庭院生态景观规划与设计

庭院生态经济是农户充分利用庭院的土地资源,因地制宜地从事种植、养殖、农副产品加工等各种庭院生产经营,不仅增加了乡村居民的经济收入,而且还丰富了庭院景观。庭院经济是在传统自给自足的家庭副业基础上演变发展起来的一种农业经营形式。目前,庭院生态模式很多,归纳起来有以下四种模式。

(1)庭院立体种植模式。

(2)庭院集约种养模式。

(3)庭院种、养、加、沼循环模式。

(4)庭院综合加工模式。

例如,山东省西单村的庭院建设生态工程于1983年开始规划实施。根据规划,每个农户庭院占地为$25m \times 16m$,其中可利用面积$272.6m^2$。庭院内部部分面积栽种蔬菜,正门到大门的走廊栽种两排葡萄。厕所一般用隔层分为上下两层,上面养鸡,鸡粪作为下面猪的饲料。庭院前是一个$16m \times 4m$的藕池,藕池与厕所相连,每天猪排出的粪便冲入藕池作为肥料。院墙外四周分别种植葡萄、丝瓜和芸豆等藤本植物。此设计保证了从地面到空中、从庭院到四周、从资源利用到经济产出和环境改善等多方面多季节综合效益的获得,实现了庭院生态系统的良性循环。

根据不同的认识阶段、经济水平和发展趋势来看,庭院景观分为三种类型,即方便实用型、经济效益型和环境美化型。

(1)方便实用型是农户根据自己的喜好,种植蔬菜和瓜果,除了满足自身需要,还能获得部分收入。

(2)经济效益型的特点是农户充分利用自己的技术特长,根据市场变化组配高产高效的经济模式,如前面提到的庭院立体种养,经济效益较好。

(3)环境美化型是将环境改造作为庭院建设的主要目标。

目前,在经济发达的乡村地区,乡村居民逐渐将环境改造作为庭院建设的主要目标,这为每户村民施展造园才能提供了发展空间。从实地调查来看,庭院景观设计还处于起步阶段,目前每户只是限于简单的硬质铺装和绿化,并没有过多的庭院绿化追求。

第七章 乡村道路景观与乡村水域景观规划

对于村庄景观来说,道路和水利是两个重要的组成部分。村庄道路是村庄经济发展的动脉。加快村庄道路的建设,对提高村庄居民的生活水平,促进区域经济发展,有着十分重要的战略意义。新农村建设的二十字目标对农村水利提出了新的要求,农村水利不仅要承担保障农业生产等基础职能,更要担负起提高村民生活品质的重任。水体是农村景观的重要组成部分,进行农村水景观的营造是实现村容整洁、促进乡风文明的重要内容,是关系新农村建设成败的大事。

第一节 乡村道路景观规划

村庄道路是指主要为乡(镇)村经济、文化、行政服务的公路以及不属于县道以上公路的乡与乡之间及乡与外部联络的公路。村庄道路涵盖的范围比较广,不论何种等级的道路,只要位于村庄地域范围内,都应该作为村庄道路景观规划设计的对象。

一、乡村道路景观的构成要素

(一)人的视觉角度

村庄道路景观包含以下三个层次。
(1)近景。道路两侧的绿化景观,对于不同等级的村庄道路,由于车速不同,一般在距路边20~35米的范围内属于近景。
(2)中景。田园景观包括农业景观和村庄聚落景观,它们共同构筑了以村庄田园风貌为基调的景观空间,这是道路上流动视点所涉及的主体景观,对于车速较快的高等级村庄道路更是如此。

(3)远景。山地景观是以山体和绿化为主的自然景观,作为道路沿线的视觉景观背景。

村庄道路景观的近景完全可以通过景观规划设计来实现。村庄道路景观的中景和远景虽然可以通过道路选线来达到一个比较理想的效果,但同时受到道路途经地区的地质、经济和生态等条件的制约,无法完全兼顾。

(二)景观生态学的角度

根据村庄道路所经过的区域,可以划分出以下四种景观类型。

(1)自然景观,如风景区、自然保护区等。

(2)半自然景观,如林地景观、灌丛草坡地景观、河漫滩景观等。

(3)农业景观,如水田景观、旱地景观、果园景观、盐田景观等。

(4)人工建筑景观,如以村庄居民地为主的村镇景观、矿区景观等。

二、乡村道路景观规划的原则

(一)立足本土原则

村庄道路景观不同于城市街景,其主体是以自然环境和田园环境为背景的村庄景观。不同的地域,其地形、地貌、植被和建筑风格等又各不相同,因此道路景观规划设计要因地制宜,使之成为展现道路沿线地域文化和村庄景观的窗口。

(二)避免损害原则

村庄道路景观规划应保护村庄景观格局及自然过程的连续性,避免割断生态环境空间或视觉景观空间。对旅游风景区、原始森林保护区、野生动物保护区以及文物保护区等自然景观,应避开受保护的景观空间。对自然生态景观空间(如河流、小溪、草原、沼泽地)和视觉景观空间(如村庄、集镇等村庄聚落),要避免从中间经过,切断它们之间的联系。

(三)确保安全原则

任何等级和使用性质的村庄道路的首要前提是满足安全的要求,缺乏行车安全的道路,再怎么谈论景观都是毫无意义的。安全性不只是道路本身设计的问题,道路景观也会间接地影响道路的安全性,如沿线景观对司机视线或视觉的影响,因此安全性是道路景观规划设计的前提和基础。

(四)保护环境原则

村庄道路景观建设应尊重自然,服从生态环保要求,结合生态建设和环境保护,弥补和修复因道路主体建设所造成的影响和破坏,并通过景观生态恢复达到村庄地区自然美化的目的。

(五)通盘考虑原则

村庄道路景观规划设计同其他建设密切配合,把道路本身、附属构造物、其他道路占地以及路域外环境区域看成一个整体,全盘考虑,统一布局。

第二节 乡村水域景观规划

传统农田水利偏重灌溉、防洪、排涝等方面内容,加之长期以来的城乡二元化发展模式,使得农村水景观的营造缺少必要的理论基础和实践经验。农村水景观的研究涉及水利、环境、景观、生态等多学科、全方位的问题。研究农村水景观的目的就在于寻找适宜的理论和方法来解决农村水景观建设过程中的问题。

一、乡村水域景观规划的理论探析

(一)乡村河流水体的功能

1. 供水灌溉功能

农村河流水塘是农村自然的重要构成,河流水体中的水源是农村生产生活的重要基础物质。农村居民在应用自来水前的生活用水全部来源于此。即使在实现区域供水的地区,居民们还保留着大量使用河流水塘中的水洗漱的习惯。农村的河流水体更是农业生产灌溉的重要水源。

2. 蓄洪除涝功能

作为穿越农村、沟通农村与外部水系的流动介质,蓄泄洪涝是农村河流的重要功能,是农村自然循环的重要组成部分。但在现代农业技术普及的过程中,农村人口向城市转移,大量化肥、农药的使用使得农村水体污染严重。由于一些水利工程与交通工程的兴建,以及经济发展与水争地,许多河道被填埋,河道被束窄,河网被分割,河流正常的自然循环过程被打乱,河道输水能力及调蓄能力降低,严重影响了河流蓄泄洪涝功能的发挥。近几年开展的河道疏浚就是为了解决这一问题,并取得了巨大的成效。

3. 生态功能

与河流生态功能密切相关的因素是连通性、河流宽度和水质。河流是一个完整的连续体,上下游、左右岸构成一个完整的体系。连通性是评判河道或缀块区域空间连续性的依据。高度连通性的河流对物质和能量的循环流动以及动物和植物的生存极为重要。从横向上讲,河流宽度指横跨河流及其临近的植被覆盖地带的横向距离。影响宽度的因素包括边缘条件、群落构成、环境梯度以及能够影响临近生态系统的扰乱活动。

河流的生态功能包括栖息地功能、通道功能、过滤与屏蔽功能以及源汇功能等。

(1) 栖息地功能

栖息地功能很大程度上受到连通性和宽度的影响。在河道范围内，连通性的提高和宽度的增加通常会提高该河道作为栖息地的价值。

栖息地为生物和生物群落提供生命所必需的一些要素，如空间、食物、水源以及庇护所等。河流可以为诸多物种提供适合生存的条件，它们利用河道进行生长、繁殖以及形成重要的生物群落。

河道一般包括两种基本类型的栖息地结构：内部栖息地和边缘栖息地。内部栖息地具有相对更稳定的环境，生态系统可能会在较长的时期保持着相对稳定的状态。边缘栖息地是两个不同的生态系统之间相互作用的重要地带，处于高度变化的环境梯度之中，相比内部栖息地环境，有着更丰富的物种构成和个体数量。

(2) 通道功能

通道功能是指河道系统可以作为能量、物质和生物流动的通路。河道由水体流动形成，又为收集和转运河水和沉积物服务。还有很多其他物质和生物群系通过该系统进行移动。

河道既可以作为横向通道也可以作为纵向通道，生物和非生物物质向各个方向移动和运动。有机物物质和营养成分从高处漫滩流入低洼的漫滩而进入河道系统内的溪流，从而影响到无脊椎动物和鱼类的食物供给。对于迁徙性野生动物和运动频繁的野生动物来说，河道既是栖息地，同时也是通道。生物的迁徙促进了水生动物与水域发生相互作用。因此，连通性对于水生物种的移动是十分重要的。

河流通常也是植物分布和植物在新的地区扎根生长的重要通道。流动的水体可以长距离地输移和沉积植物种子。在洪水泛滥时期，一些成熟的植物可能也会连根拔起、重新移位，并且会在新的地区重新沉积下来存活生长。野生动物也会在整个河道系统内的各个部分通过摄食植物种子或是携带植物种子而促进植物的重新分布。

　　河流也是物质输送的通道。结构合理的河道会优化沉积物进入河流的时间和供应量,以达到改善沉积物输移功能的目的。河道以多种形式成为能量流动的通道。河流水流的重力势能不断雕刻着流域的形态。河道可以充分调节太阳光照的能量和热量,进入河流的沉积物和生物通常是来自周围陆地,携带了大量的能量。宽广的、彼此相连接的河道可以起到一条大型通道的作用,使得水流沿着横向方向和河道的纵向方向都能进行流动。

　　(3)过滤和屏障功能

　　河道的过滤器和屏障作用可以减少水体污染,最大程度地减少沉积物转移。

　　影响系统屏障和过滤作用的因素包括连通性和河道宽度。物质的输移、过滤或者消失,总体来说取决于河道的宽度和连通性。一条相互连接的河道会在其整个长度范围内发挥过滤器的作用,一条宽广的河道会提供更有效的过滤作用,这使得沿着河道移动的物质也会被河道选择性地滤过。在这些情况下,边缘的形状是弯曲的还是笔直的,将会成为影响过滤功能的最大因素。

　　河道的中断缺口有时会造成该地区过滤作用的漏斗式破坏损害。在整个流域内,向大型河流峡谷流动的物质可能会被河道中途截获或是被选择性滤过。地下水和地表水的流动可以被植物的地下部分以及地上部分滤过。

　　(4)源汇功能

　　源汇功能是为其周围流域提供生物、能量和物质。汇的作用是不断地从周围流域中吸收生物、能量和物质。

　　河岸和泛滥平原通常是向河流中供给泥沙沉积物和吸收洪水的"源"。当洪水在河岸处沉积新的泥沙沉积物时,它起到"汇"的作用。在整个流域规模范围内,河道是流域中其他各种斑块栖息地的连接通道,在整个流域内起提供原始物质的"源"的作用。

　　另外,河道又是生物和遗传基因的"源"和"汇"。由于河道具有丰富的物种多样性,很多生物在此处聚集,在此繁殖、生长,又有一些生物长成后,迁移至别处生存,因此此处又是生物的"源"。

4. 景观功能

河流景观是农村景观的重要组成部分,农村河流具有空间的方向性,是村落田野的坐标。蜿蜒曲折的河流勾勒出美丽的村落与田园格局。丘陵山区的潺潺流水,平原地区密如蛛网的水系,强烈地影响着区域与村落的个性。河流中的物产与当地居民的生活生产形态长期以来形成密切的关系,构造着地域的文化背景。河流勾连着村庄与田野,在这一连续性体系中,形式各异甚至带有特殊文化内涵及历史意义的水上桥梁是重要的焦点景物。沿河高低错落的植物又是河流景观的另一重要组成部分,描绘着河流的边界与走向,共同形成怡人的河流景观。

5. 休闲与应急功能

农村水系是一个公共的绿色开放空间,丰富多变的水体形态与滨水空间可以供人们休闲娱乐;清新的空气能够调整人们的精神和情绪;动植物的共生共存让人们体味大自然的丰富与美丽;与水有关的历史文化遗迹可以让人们凭吊;以水为载体的水上活动不仅具有强身健体的功能,而且具有放松身心的作用。

村庄一般离消防站的距离较远,村庄若发生火灾,消防队很难在较短时间内赶到救灾现场。许多时候,水源也是救灾的制约因素。居住区中适当保留的水系能够为灭火救灾提供就近的水源,为居民自救提供可能。如果出现自来水供应安全事故,水系中的蓄水还可以用作备用水源。

(二)乡村水景观的构成

景观要素是景观结构和功能的基础,农村水景观的多功能性源于景观要素的多样化。充分利用和合理配置各类景观要素,是农村水景观建设过程中的重要任务。根据景观元素的存在形态不同,可将其分为物质要素和文化要素两大类。物质要素主要指有形的自然物或者人造物,包括水体自身,与水相关的植物、动物及水边建筑等;文化要素是无形的思想观念、文化认知、价值取向等。

1. 物质要素

(1)水体

水体是构成水景观最基础和根本的物质要素,也是水景观各项生态服务功能得以实现的核心要素。水是自然生态系统中不可或缺的要素。水体的美学元素包括形态、质、量、音、色各方面,给人以视觉、听觉、嗅觉、触觉多方位的审美享受。水体还能使人产生心理的共鸣,平静的水面使人心境平和,潺潺细流令人温馨、愉悦,汹涌的水浪使人激情澎湃。

第一,水的形态。水本身并没有固定的形态,但是其"盛器"的大小、形状、结构的变化使得水体具有多姿的形态。农村水体形态的形成主要受两个方面的作用:一是自然力的作用,包括地质运动、水力等,这类水体形态通常具有不规则的边界,自然曲折;二是人力的作用,为满足一定的生产、生活需要,借助特定的工具或者条件形成,人工水体的形态趋于规则,表现出规整的格律美。

第二,水的品质。水质是关系水体各项生态服务功能实现的根本特性,不仅影响着水体在视觉、嗅觉等方面的审美体验,更关系着水系在供水、生物多样性保护等方面的功能。因此,良好的水质是农村水景观建设的基础和保障。洁净是水所具有的本质生态美。水能洗涤万物,还万物以清新洁净的面貌。水的这种清洁纯净、晶莹空翠也成为人格精神和心灵境界的象征,为人们所推崇。洁净的水更是滋养万物的源泉,为各类动植物提供了良好的生存环境,为人类的生产、生活提供了必要的物质保障。由此可见,水质的改善是水景观建设的必要前提。

第三,水的声音。水流的运动形成水声,不同的水流方式产生各自独特的音响效果。这些音响效果能够唤起人们不同的情绪,传达了听觉上的感官享受。水的音律美具有以心理时空融会自然时空的特点,即人们听到潺潺的流水声,往往会联想到清澈的溪水,进而体验到身处小溪边的愉悦感受。

第四,水的动态。流动是水的重要"性格"特征,是水体具有音律美的前提,也是水体实现自净能力的重要手段。水流动的特性使水具有活的生命,充满灵性;也使水体具有超出其盛器范围的多姿多彩的形态。流水还使泛舟、放河灯等涉水活动成为可能,增加了水景观的参与性。在实现生态系统服务功能方面,流水不仅有助于物质、能量在空间上的转移,也有助于水生动植物的繁衍和迁徙,促进自然生态系统的发展和演化。因此,保持水体的流动特征也是水景观建设的重要内容。

(2)植物

水景观本是无生命的,而动植物的存在赋予了景观生命力,使其成为动与静相结合的景观综合体。植物是天然的生产者,为自然界的生物循环提供了营养物质;是水景艺术美规律构成的关键要素,具有柔化硬质景观、丰富空间层次、标志季相更替、营造意境氛围等作用。

自然界中植物的种类多种多样,根据生长环境的不同,可大致分为陆生植物和水生植物。

陆生植物根据植株的形状、大小等特性,主要分为以下四种。

第一,乔木。树体高大,有一个直立的主干,如玉兰、白桦、松树等。

第二,灌木。相对乔木体形较矮小,没有明显的主干,常在基部发出多个枝干,如玫瑰、映山红、月季等。

第三,草本植物。茎内木质细胞较少,全株或地上部分容易萎蔫或枯死,如菊花、百合、凤仙等。

第四,藤本植物。茎长而不能直立,靠依附他物横向或纵向生长,如牵牛花、常青藤等。

生长在水中或湿土壤中的植物通称为水生植物。水生植物主要包括以下四种。

第一，挺水植物。挺拔高大，花色艳丽，绝大多数有茎叶之分，下部或基部沉于水中，根或地茎扎入泥中生长发育。

第二，浮叶植物。一般根状茎发达，花大，色彩艳丽多姿，叶色变化多端，无明显地上茎或茎细弱不能直立，有根在泥中不随风飘移。

第三，漂浮植物。根不生在泥中，植株漂浮在水面之上，多数不耐寒。

第四，沉水植物。根茎生于泥中，整个植株沉入水体中，通气组织特别发达，利于在水中空气极少的环境下进行气体交换。

①植物的生态学价值。农村水景观中，植物具有突出的生态学价值。作为自然界的生产者，植物保证自然生物循环的正常进行。各类水生或陆生的植物在改善空气质量、防治水土流失、净化水体等方面具有杰出的功效。

在净化空气方面，他们不仅能通过光合作用和基础代谢，吸收二氧化碳，释放氧气，还能对空气中的有毒气体起到分解、阻滞和吸收的作用。植物的叶片还能吸附粉尘，一部分颗粒大的灰尘被树木阻挡而降落，另一部分较细的灰尘则被树叶吸附，这样就提高了空气的洁净度。

在防治水土流失方面，研究证实，草灌植被的繁生可以强化土壤抗冲性、土壤通透性和蓄水容量，增加入渗，减少超渗径流，防止冲刷，尤为重要的是草灌植被可以分散或消除上方袭来的水流，增加坡面径流运动阻力，削弱径流侵蚀能力，进而减少当地的水土流失。

在净化水体方面，水生植物可以吸附水中的营养物质及其他元素，增加水体中的氧气含量，抑制有害藻类大量繁殖，遏制底泥营养盐向水中的再释放，以维持水体的生态平衡。其机理主要是通过自身的生命活动将水中的污染物质转化为自身的有机质，同时通过光合作用产生氧气，增加水中的溶解氧，从而改善水质。

②植物的美学价值。早在人类诞生以前，各种植物就为地球穿上了绿装。植物的存在往往能使原本单调、无生机的静态景物

显得生机勃勃。植物的美学价值体现在其三大性质上。

第一性质即原始性质,是与物体完全不能分离的,如植物的大小、形态、季相变化等特征,这丰富了景观在时间和空间上的层次。利用植物本身的枝干、冠幅等,可以构成不同的平面,形成或开放、或独立的景观空间。植物的季相特征不仅体现在不同植物对生长季节的选择上,也体现在同种植物春华秋实的季节变化规律上,这增加了景观在时间序列上的丰富度。

第二性质是能借助第一性质在人们心中产生各种感觉的能力,作用于人的感觉、心灵,如植物的色彩、质地等。植物拥有美丽的色彩、美妙的芳香以及特有的质地,给人们带来视觉、嗅觉、触觉全方位的审美享受。人们对植物的欣赏是生理需求和心理需求的结合。植物的色调主旋律——绿色,具有抚慰视觉乃至心灵的特殊审美作用。一方面,由于绿色在明度上处于中性偏暗的层面,对人的刺激甚微,具有阴柔温顺的性格美;另一方面,人类在现实生活中形成了视觉适应心理,即人类自诞生以来就生活在绿色空间的怀抱中,绿色给人安全、舒适的感受。

第三性质是同历史、文化所适应的事物的象征精神。自先秦的理性主义精神,人们对自然美的观照就同人的伦理道德互渗互补,融合在一起,把自然景象看作人的某种精神品质的对应物。作为文化的积淀,景观中植物的配置可以促进社会伦理道德观念的传扬,洗涤人们的心灵。

(3) 建筑

建筑是人类改造自然界最突出的表现形式,是人们为满足生存、发展需要而构建的物质空间。建筑的格局和形式因时、因地而异,它是人们审美情趣、道德取向最集中的体现,也在很大程度上反映了人的精神需求以及对自然的态度。

第一,住宅结构。随着农村经济条件的改善,村庄住宅的建筑材料已经由传统的木结构转变为砖、石结构,建筑形式也由原来的平房转变为以两层为主的楼房。农村住宅的结构和形式一般在较长时间内相对稳定,这又体现了当时村民的审美观念和生活品质。因此,农村水景观的营造要尽量使景观同周围建筑相协调,以提升农村居民的居住环境水平。

第二,村庄住宅布置形式。乡村住宅布置多采用行列式或周边式。

行列式布置的住宅建筑多为平行排列,一般坐北向南,便于采光。

周边式住宅多围绕一中心,各个建筑同样采取坐北朝南的格局。

村庄住宅的这两种布置形式在很大程度上受到水体形态的影响,一般居住区内的水体形态多为直线形或块状。为取水之便,人们临水而居,就形成行列式或周边式的居住形态。

(4)动物

动物的景观效果是通过生活习性、本能行为实现的。农村水景观中,动物既是重要的景观要素,又是景观营造的服务对象。景观营造的目的之一就是满足各种动物生存和发展的需求。

(5)桥

桥作为水上建筑物,既是水景观中不可缺少的要素,也是重要的观景点。

在实用功能上,桥是沟通水体两岸的连接建筑物,不仅为人们的生活提供方便,更为动物的迁徙提供了越水通道。

在景观功能上,桥的结构、材料、形态等都是水景观的重要组成部分;又因桥凌驾于水面的特殊位置,使它近水而非水、似陆而非陆、架空而非空,是水、陆、空三维的交叉点,成为很好的景观观赏点。

2. 文化要素

每个社会都有与之相适应的文化,并随着社会物质生产的发展而发展。文化作为一个世界性的话题,世界观、价值观、道德观等无不受文化的影响。水文化是人们在从事水务活动中创造的以水为载体的各种文化现象。农村因其特殊的生产、生活环境,形成朴素而丰富的水文化,而在城市化进程加快、社会意识急剧变化的今天,农村水文化在居民生活方式都市化、村庄整体景观现代化的冲击下,面临着尴尬的境地。保护和挖掘水文化是农村水景观建设的应有之义。

(1) 风水文化

从 6000 年前仰韶文化阶段的青龙白虎开始,风水文化就一直伴随着中华民族,指导着我们同自然界的相处之道。风水学是在借助大自然的运转和形象说道理、讲规律,是人们在抵御自然界侵袭、选择适宜的生活环境中所形成的习惯性认识。长期以来,风水学的理论是指导居民选择宅地的重要依据,人们对环境的认知以及景观审美等方面的心理也深受风水学的影响。风水学的产生,既满足了人类保护自身安全的生存需求,也适应了人们对自然山水的审美需求。但由于受认识水平和科学技术发展水平等限制,风水文化中的种种问题不能用科学的理论加以解释。

风水的核心内容是人们对居住环境进行选择和处理的一种学问。风水对于居住环境的影响主要有三个方面。

第一是对基址的选择,即追求一种能在生理上和心理上都得到满足的地形条件。

第二是对居处布置形态的处理,包括自然环境的利用和创造、房屋的朝向、出入、道路、供水、排水等因素的安排。

第三是在上述基础上添加的某种符号,即满足人们避凶就吉的心理需求,风水的内容涉及阳光、水、空气、土壤、声音、色彩、电磁场等诸多环境因素及其综合效应。其中,水是重要的因素,是财富和福气的象征。

虽然风水理论在很长一段时间内都被蒙上愚昧、迷信的色彩,但许多事实都显示了风水理论的威力,许多现象只能从人们的心理需求寻找答案。风水之于精神的需求,更体现在对潜意识的激发上。信念能够激起人们潜在的意识,产生心理暗示,从而影响人的活动,特别是当某种被认为有大吉之兆的现象出现时,便会增强人们对美好未来的憧憬和向往之情,这种情绪会为人们提供动力,提高抗挫折能力。

(2)诗文传说

第一,诗文。水清澈、高洁的品质使其成为真、善、美的象征,水景观也成为自古文人墨客歌颂的对象和灵感源泉。自古以来,因水而为的诗歌数不胜数。诗人赞叹水景之奇、之壮、之美,也将水作为人格精神的折射和心灵意境的反映。儒家将水比作智者,孔子曰:"知者乐水,仁者乐山",老子曰:"上善若水。水善利万物而不争,处众人之所恶"。

第二,传说。每一个与水相关的传说都讲述了一个动人的故事,水增加了传说的生动性,传说赋予水更多的色彩。例如,在洪水灾害成为最大的安全隐患之时,有大禹"三过家门而不入"的治水故事。

(3)风俗活动

民俗是人们在社会群体生活中,在特定的时代和地域环境下形成、扩大和演变的一种生活文化。民俗活动的重要特征是其广泛的参与性,文化的参与性是文化得以保存、传播和发展的重要原因。人们总是经常思考、谈论或者回味自己参与过的事情,因此具有参与性的文化内容比起文字或者文物等物质形态的文化更容易被人们记住。并且,人们的参与过程往往又丰富和发展了文化的内涵。

丰富的涉水风俗体现了人们对水的依赖、崇拜或敬畏之情,它的广泛流传使这种形态的水文化得到传扬和发展。

(三)乡村水景观的景观生态学阐释

农村水景观建设要实现水体在美学、生态、文化、生产等方面的功能,就需要运用景观生态学的原理。对水体及其周围各环境要素进行生态学的解析。

1. 乡村水景观的营造

从研究内容和研究目标来看,农村水景观的营造需要做到以下几点。

(1) 研究范围要突破水体的界限,将水体周围的各个环境要素,包括农田、村庄聚落形态、道路等纳入水景观研究的系统中。

(2) 水景观的功能及其动态变化受人类活动的影响,特别是在农村居住区。村民对水景观的影响分为有利和有害两种,科学的生产、生活行为可以保护水景观,促进生态系统的良性循环;反之将破坏水生态系统的平衡,导致景观和环境的恶化。

(3) 景观的文化特性说明农村水景观同乡土文化有着密不可分的关系。

首先,当地村民对景观的认识、感知和判别将直接影响水景观的营造过程。水景观是乡土文化的重要载体,在很大程度上反映了不同地区人们的文化价值取向。

其次,环境对人的影响也是巨大的。农村水景观通过美的形式和多方面的生态服务功能,将影响村民的审美情趣及其在生态伦理等方面的认知。

2. 乡村水景观的景观生态功能

(1) 乡村水景观的生态基础功能

生态基础设施的概念是1984年由联合国教科文组织提出来的,它表示自然景观和腹地对城市的持久支持能力。基础设施是指为社会生产和居民生活提供公共服务的基本条件和设施,它是社会赖以存在和发展的一般物质基础。生态基础设施具有同其他生产生活基础设施类似的属性,是对"上部建筑"的支持。虽然生态基础设施的概念是针对城市的可持续发展问题提出来的,但随着农村现代化的推进,农村的可持续发展同样需要生态基础设施的支撑。

生态基础设施应该包括两个方面的内容:一是自然系统的基础结构,包括河流、绿地等为人们的生产、生活提供基础资源的系统;二是生态化的人工基础设施。由于人类社会与自然系统之间的共存关系,各种人工基础设施对自然系统的发展和改变具有重要影响。人们开始对人工基础设施采取生态化的设计和改造,以维护自然过程。

农村水体作为农村区域内自然系统的重要组成部分,是支撑农村社会经济可持续发展的必要生态基础设施。而农村水景观的建设过程则是人工基础设施的设计和改造过程。因此,农村水景观应该兼具自然系统和人工系统两方面的基础功能:一方面水景观的建设不能破坏水生态系统在资源供给等方面的公共服务属性;另一方面水景观的建设要体现生态化人工基础设施的功能,如在景观美化、教育等方面的作用。

(2)乡村水景观的安全功能

景观安全格局是以景观生态学理论和方法为基础来判别景观格局的健康性与安全性的。景观安全格局的理论认为,景观中存在着某些关键性的局部、点及空间关系,构成潜在空间格局,这种格局称作景观的安全格局。景观安全格局理论认为,只要占领具有战略意义的关键性的景观元素、空间位置和联系,就可能有效地实现景观控制和覆盖。

景观生态学的基本原理明确哪些基本的景观改变和管理措施有利于生态系统健康,景观安全格局则是设法解决如何进行这些景观改变和管理才能维护景观中各过程的健康和安全。

第一,农村水系的生态功能。生态功能是指自然生态系统支持人类社会存在和发展的功能,以其支持作用的重要性可分为主导功能和辅助功能。对农村水体来说,其主导功能一般包括灌溉、防洪、生活供水等,辅助功能包括水土保持、生物多样性保护、美化环境等方面。

第二,农村水体的生态问题。景观安全格局的目标是维护景观过程的健康,使其有效地发挥生态功能。因此,了解农村水体的生态问题,是建立水景观安全格局的前提。

第三,农村水景观安全格局的构成。生态安全的景观格局应该包含源、汇、缓冲区、廊道等组分。源主要指生态服务功能的主要输出和产出的源头,对整个生态系统发展起关键促进作用。汇是生态服务功能主要消费或消耗地,对过程起阻碍作用。源和汇的概念是相对的,要视所研究的生态过程而定。缓冲区是源和汇之间的过渡地带,也是潜在的可利用空间。廊道是指不同于周围景观基质的线状或带状景观元素,生态廊道被认为是生物保护的有效措施。

(3)乡村水景观的反规划功能

①反规划理论的内涵。"反规划"的概念是由北京大学俞孔坚教授等提出来的一种景观规划途径。这个"反"体现在思想和过程两个方面:在思想上,反思传统的规划方法,重新回到"天人合一"的原点;在过程上,采用"逆"向程序,首先以自然、文化生态的健康和安全为前提,优先确定保护区,在此基础上进行理性规划。从本质上讲,它是一种强调先保护、后建设的理念,更注重生态环境的可持续性。它认为景观营造的成功与否不是以对社会、经济发展的准确预测为判断条件的,而是以生态格局的健康性和安全性为准则。

②乡村水景观的反规划步骤。由于反规划理论是以景观安全格局的途径来确定生态基础设施的,因此其步骤遵循景观安全格局的六步骤模式。在目标明确、利益分析清楚的条件下,农村水景观建设的步骤可以简化为场地表述—场地过程分析—场地评价—景观改变方案的确定四个步骤。

③乡村水景观的反规划原则。根据反规划的理论思想以及农村社会经济发展的现实需求,确定农村水景观建设的以下基本原则。

第一,自然性。想要营造出能促进农村社会、经济、文化可持续发展的农村水景观,就一定要充分尊重自然界景观发展的规律。

第二,全息性。全息性是指滨水空间满足不同年龄层居民活动需求的特性,要求空间能实现多种功能。功能的多样性是滨水空间的活力源泉,这样才能使滨水空间真正成为富有魅力的农村公共空间。结构决定功能,滨水空间配景和公共设施的布置是实现空间功能多样性的重要条件。

第三,文化性。农村的文化是与农业生产模式和居民生活方式紧密联系的。随着乡村工业的发展,农业现代化以及生活方式城市化,乡村的历史文化正在被城市化的脚步吞没。自然形成的村庄聚落形态逐渐被扩大的工业区打乱;传统的民俗活动、风俗信仰在忙碌的生活中被遗忘。鉴于此,农村水景观的营造应通过对乡村文化的发掘和利用,唤起人们对传统文化的追忆,使农村在城市化的过程中保持传统的文化特色。

第四,亲水性。水体清澈、流动的自然特性,使亲水活动能够引起人们的愉悦感。亲水活动多种多样,包括垂钓、游泳、水边漫步等。让人们亲近水、进入水是水景观建设的主要目的,也是增加水景观游赏性的重要手段。

第五,适宜性。首先,农村水景观的营造要同农村的农田景观、村庄聚落形态相协调,为自然景观增色。其次,农村水景观要满足农村居民的实际需求和审美要求。

二、乡村水域景观规划的具体实践

人类对世界的改造不仅根据客观需求,还根据主观的愿望和偏好。这种偏好因时间、空间而异,这种时间、空间的差异就表现为文化的差别。不同的时间范围内,人们的思想认识水平大致相仿,而且在空间上相互影响和传播;在一定的空间范围内,因在时间序列上形成的地域文化,使空间范围内的文化因素相差不大。这些因素使得一定时间和特定空间范围内的人们在审美、信仰等方面有着共同的取向,这种取向是指导人们改造景观的原动力。

(一)治理水环境

水质是水景观建设的基础和保障,因此农村水景观建设首先要对农村水环境进行治理。

1. 加强乡村企业的管理

为避免或减少乡村企业对农村水环境的污染，必须在规划过程中，推行工业集中布局，并尽量远离水源区；在审批过程中，严格执行环境影响评估和"三同时"制度；在运行过程中，实现及时监测，鼓励和帮助企业进行技术改造，推行清洁生产和节约生产的模式，特别是必须坚持污水处理达标排放的基本原则。

2. 发展生态农业、节水农业

发展生态农业不仅可以减少农业面源污染，也可以发展农业经济，实现农民增收。具体来讲，应积极研发生态型农药，加强对农民的技术支持，推行节水灌溉等技术，改进田间水管理模式，减少农田排水，控制面源污染，增强农民的环保意识。

3. 集中处理生活污水

生活污水是农村水污染的主要来源，但是现阶段无法在农村地区广泛建设污水处理厂，因此可以根据生活污水可生化等特点，利用村庄原有的河流、水塘等水体建设氧化塘、人工湿地等污水处理系统。氧化塘是一种利用天然净化能力处理污水的生物处理设施，主要依靠微生物的分解作用达到水体的净化效果。人工湿地是利用自然生态系统中的物理、化学和生物的三重作用实现对污水的净化。这种污水处理方式既节约了成本，又使水资源能够在村庄范围内得到循环利用。

（二）设计景观护岸

景观护岸的设计在满足其工程需求的同时，还要兼顾护岸的景观功能和生态功能，满足居民对水景观的审美需求。提高居民生活环境质量，并体现人、水相亲的和谐自然观；保持水、土之间的物质和能量交换，为生物提供生长、繁衍的场所，有利于发挥水体的自净能力。

1. 植物配置

在农村水景观建设过程中，可利用的植物种类相当丰富，只需对植物进行适当挑选和合理布置，便能达到很好的观赏效果。植物景观的配置需要考虑以下几个问题。

(1) 选择植物种类

选择植物种类需要考虑多方面的因素。

第一，环境适应性。植物的健康生长是植物景观形成的前提，只有选择适合环境的植物才能保证存活率。

第二，植物自身的特性。过高的繁殖率会对水体生态系统的正常循环造成威胁。

第三，本土原则。尽量选择本土植物，一方面节省了成本，另一方面可以避免由于选用外来植物而引起的种间竞争，影响生态系统的平衡。

(2) 如何搭配所选取的植物

需要考虑如何搭配这些植物，才能形成良好的景观效果。植物景观配置可以分为以下几个步骤。

第一，植物景观类型的确定。植物景观类型是根据景观的功能及景观意境确定的，如平原区农村的生产区不宜种植高大的乔木，因其容易破坏开阔的视野，与田块争夺阳光、营养；以休闲游憩为主的空间则需要乔灌草的搭配，形成变化多姿的空间。

第二，综合植物景观类型、生长环境与植物特征，初选植物品种。

首先，考虑主要品种和次要品种。主要品种是形成植物景观的主体，次要品种起到色彩、体量等方面的调节作用。

其次，考虑植物的株型、叶型、花型，考虑其叶色与花色，色彩在一年四季中的变化，开花与落叶时间等。

最后，根据景观空间的大小种植适量的植物。过高的密度不利于植物获取充足的养分，影响植物的生长，密度过低则影响群落景观的形成。

第七章 乡村道路景观与乡村水域景观规划

(3)优先考虑本土植物

农村的公共财力十分有限,可以充分利用当地常见的花卉树种,既能与本土景观协调,又易于生长,且经济便利。同时,还可以利用农业生产中的作物形成景观。极易生长的迎春、花期较长的月季、秋寒中绽放的菊花等都是很好的植物景观源。

(4)与周围农村景观与色彩的协调

农村的居住区与生产区有其独特的景观与色彩,需要对其进行实地调研,才能在植物配置中进行协调。例如,平原区的农业生产区地势比较平坦,视野开阔,河岸水塘边不适宜种植大量高大的乔木,只适宜极少量的点缀;低丘山区的农业生产区则可以根据适地适树的原则,有较多的选择。

2. 断面与护坡的形式

(1)U形断面

U形断面是最原始的断面形式,也称为自然形河道断面,它是由水流常年冲刷自然形成的。

(2)自然梯形断面

自然梯形断面通常采用根系发达的固土植被来保护河堤,断面采用缓坡式。对于河面较窄、河流水位年内和年际变化比较小的农村河道,可采用自然梯形断面。

(3)多自然复式断面

多自然复式断面是水景观建设中较为理想的断面形式。它兼顾了防洪、水土保持、景观、休闲等多方面的功能。护坡可以在自然护坡的基础上采用透水性材料或者网格状材料以增强护岸的抗冲刷能力。根据枯水水位和洪水水位来确定梯级的高程,使河岸在丰水期和枯水期呈现不同的景观效果,且在水位变化的过程中仍不影响人们近水、亲水的需求。

(三)选择护岸形式

为了防止洪水对河岸的冲刷,保证岸坡及防洪堤脚的稳定,通常对河道的岸坡采用护岸工程保护。

从景观方面看,河流的护岸是一道独特的线形景观,并能强化地区和村落的识别性。另外,护岸作为滨水空间,是人们休闲、游憩频繁的区域。

从生态方面看,护岸作为水体和陆地的交界区域,可以作为水陆生态系统和水陆景观单元相互流动的通道,在水陆生态系统的流动中起过渡作用,护岸的地被植物可吸收和拦阻地表径流及其中杂质,并沉积来自高地的侵蚀物。

河道护岸主要有硬质型护岸和生态型护岸两种形式。

1. 硬质型护岸

硬质型护岸主要考虑的是河道的行洪、排涝、蓄水、航运等基本功能,因此护岸结构都比较简单且坡面比较光滑、坚硬。但硬质型护岸破坏了水土之间相互作用的通道,因此给生态环境造成了许多负面影响。例如,硬质型护岸的坡面几乎无法生长植被,来自面污染源的污染物很容易进入水体,进一步加重了水体的污染负荷;硬质型护岸的衬砌方式减少了地表水对地下水的及时补充,导致地下水位下降、地下水供应不足、地面下沉。

2. 生态型护岸

(1)植物型护岸

植物型护岸是江河湖库生态型护岸中比较重要的一种形式,它充分利用护岸植物的发达根系、茂密的枝叶及水生护岸植物的净化能力,既可以达到固土保沙、防止水土流失的目的,又可以增强水体的自净能力。

(2)动物型护岸

动物型护岸是通过对萤火虫、蜻蜓等昆虫类和鱼类的生理特性及生活习性的研究而为其专门设计的护岸,有利于提高生物的多样性,同时也为人类休憩、亲近大自然提供良好的场所。

第一,萤火虫护岸。萤火虫护岸是通过对萤火虫生理特性和生活习性的连续性研究,得出最适宜萤火虫生存的环境条件,再将其与护岸构建结合起来的一种新型护岸技术。

第二,鱼巢护岸。以营造鱼类的栖息环境为构建护岸时考虑的主要因素。护岸材料选用鱼类喜欢的木材、石材等天然材料,以及专为鱼类栖息而发明的鱼巢砖和预制混凝土鱼巢等人工材料。这些材料的使用可在水中造成不同的流速带,形成水的紊流,增加水中的溶解氧,有利于鱼类和其他好氧生物的生存。这样,既能为鱼类提供栖息和繁衍的场所,又有利于增加河流生态系统的生物多样性,提高水体的自净能力。

(四)创造水景观意境

水景观意境的创造是乡村水景观建设的核心内容,也是景观能引起人们共鸣的关键所在。农村水景意境是人们在认识农村水景观的过程中形成的整体印象,是水景客观现象同认识者主观意识共同作用的产物。

从内容上看,景观意境包含三个方面。一是景观的客观存在。二是艺术情趣,主要有理解、情感、氛围、感染力等,是主观与客观的结合。三是在前两者的基础上产生的对景观的联想和想象。

景观意境的审美层次由感官的愉悦到情感的注入,再到联想的产生,是逐级加深的。其中,感官的愉悦可以通过景观元素的形、色、嗅、质等完整的表象来实现;情感上的共鸣则在很大程度上受观赏主体的意识、观念、信仰等因素的影响;联想、想象的产生有赖于观赏主体对客体的理解以及主体的生活经历、知识构成。因此,在农村水景观的营造过程中,要充分考虑到居民意识、观念等方面的因素。

景观意境的个性化是农村水景观建设的重点,千篇一律的水景观容易使人产生视觉疲劳。农村水景观的意境应在于突出反映乡村自然景观特征、生活风情与居民精神面貌。

1. 景观主题的确定

景观主题的确定是构建景观意境的重要手法。景观主体对客体的感知是多渠道的，并在很大程度上受外界信息的影响，景观主题可以引导感知和联想的过程。主题可以通过多种形式加以体现，包括直接的视觉体验、主题情景的"编织"等，其中主题情景的编织更能拓展观赏者的想象空间。

2. 多种造景手法的运用

农村水景观是一个多因素组合的有机整体，由部分到整体的过程并非简单的叠加过程，而需要用适当的造景手法辅助，才能使整体的景观效果优于单体的组合。

成功的农村水景观营造实际上要求科学性与艺术性的高度统一，既要满足植物与水环境在生态适应性上的统一，又要满足乡村景致与主色调协调统一，还要通过匠心独运的设计体现水景观的整体美与观赏的意境美。

亲水环境和景观布置应充分利用自然资源，打造出与当地环境相协调的特色景观。亲水环境和景观设置的区域主要包括水面和滨水区。其中，滨水区是能给人们提供亲水环境的空间，就是指水域与陆地相接的一定范围内的区域。它是创造亲水环境和进行景观设置的重点区域。

(1) 师法自然

师法自然是我国古代园林理水的核心和精华。农村水景观建设中的师法自然具体来说包括两个方面：一是仿照自然的形态；二是仿照自然的特性。园林理水中师法自然主要是针对自然形态而言的。只有美的事物，才有必要加以模仿。因凭、拟仿、意构是古代园林师法自然的主要表现手法。因凭即是在自然原型的基础上因地制宜，加工创造。拟仿即是对著名的原生态的自然景观形象加以模仿。建构同某一名胜仙境类似的形象，达到"小中见大"的效果。拟仿还可用于对理想仙境的模仿。意构即不拘泥于一地一景,而是广泛的集中概括,融之于胸,敛之于园。

(2)借景

景观意境与时空有密切的关联。借景即打破景观在界域上的限制,扩大空间,具体可分为远借、近借、仰借、俯借、因时而借等。其中近借、远借、俯借、仰借是对空间而言的,而因时而借则是相对时间而言的。远借和近借是水景观建设中应重点使用的造景手法。远借主要通过空气的透视而表现出若隐若现、若有若无的迷蒙感和空灵的境界;近借主要是通过光与影的对比丰富景观,水景观建设中尤其可利用水面的镜面反射原理形成倒影,使水中影像同岸边实景交相辉映。水中的倒影不仅给水面带来光辉与动感,还能使水面产生开阔、深远之感。光和水的互相作用是水景观的精华所在。特别是在丘陵地区,由于水面和山体有相当的落差,塘坝的水面平静,又具备一定的水面积,易形成倒影,只要合理设置观赏点就可以达到很好的观赏效果。

总之,农村水景观的建设过程可以视作景观造文化、文化造景观的双向互动过程。人们营造水景观,是他们重视改善生活环境,提高生活品质的结果。人们所创造的水景观是一种文化观念的产物,水景观又巩固和强化了它赖以产生的那种文化。景观不仅在塑造着文化,也对在景观中活动的居民加以改造或者塑造,促进或者限制某些行为的发生,这种促进或者限制是建立在一定的道德准则之内的,也是对居民潜意识的发掘。

第八章 乡村景观规划案例分析

理论形成的目的在于指导具体的实践。实践也是对理论的一种检验。因此,本章就针对国内外的四则具体案例来分析乡村景观的规划问题。

第一节 乡村景观规划国内案例分析

一、无锡田园东方

2012年,中国的水蜜桃之乡——无锡市惠山区阳山镇打造了首个"田园综合体"项目。无锡田园东方项目将现代农业、田园社区、休闲旅游融为一体,主张可持续发展,实现人与自然的和谐。通过"三生""三产"的共联共生与有机结合,实现休闲旅游、生态农业、田园居住的复合性功能,其中"三生"即生产、生活与生态;"三产"即农业、加工业、服务业。

无锡田园东方项目是为了打造活化乡村、感知田园的城乡生活,将生活与休闲娱乐联系起来。为了原汁原味地呈现江南农村田园风光,项目以固有的拾房村旧址为选址地点,并按照修旧如旧的理念,选取该村的十座房子来保护与修缮,同时保留了村中的池塘、古井、原生树木等资源,最大限度地保证了该村的自然形态。总体而言,设计者无锡田园东方原有村落格局的基础上,赋予了其新的生命力。

(一)无锡田园东方简况

无锡田园东方位于江苏省无锡市惠山区阳山镇拾房村,东侧距离无锡市中心20千米,南临太湖,具有优越的地理条件。基地周边有多条高速公路穿过,如沪宜高速等,交通十分便利,且与长三角的宜兴、常州、上海、嘉兴等有着紧密的联系,因此田园东方的建设不仅可以利用本地的资源,还可以吸引周边大城市的人口、技术与资金的支持。

另外,阳山镇拥有桃林、古刹、书院等人文资源,也有太阳山、湿地、温泉等有利的自然资源,其中太阳山为阳山镇提供了独特的自然资源与肥沃的土壤。

(二)模式构建及总体规划

1. 模式构建

根据田园综合体的发展模式,并从阳山镇的现实情况出发,无锡田园东方有着自身的发展模式。

(1)生产模式

作为水蜜桃之乡,阳山镇拥有70多年的种植历史,且种植面积非常广阔。田园东方将水蜜桃种植作为特色产业,并围绕第一产业,培育出果品加工、桃木梳子、桃木挂件等第二产业。同时,在第一、第二产业的基础上,第三产业也衍生出来,如桃园采摘、桃园观光、火山温泉、书院文化等。因此,无锡田园东方基于阳山镇本地的资源,将第一、第二、第三产业结合起来,形成一个良性的循环发展模式。

(2)生活模式

无锡田园东方的使用人群有两种:一种是当地的居民;另一种是周边城市的居民。当地的村民可以利用自己的农业技能,参与到水蜜桃的种植之中,也可以经过多层次的培训,参与到果品的加工、工艺品的加工等技术上。周边城市的居民不仅可以来此地度假,体验该地的乡土文化,还能够投入到教育、文化等岗位,为当地的村民传播城市文化。但是无论是当地的村民,还是周边城市的居民,他们都共同生活在乡土气息与城市气息交织的环境下。

(3)生态模式

无锡田园东方的水蜜桃种植不添加任何农药、化肥,同时干枯的桃枝可以用作木梳的加工,这是农业生产生态化的表现。在无锡田园东方的建造中,对原有的水体、植被等予以保护利用,且其他建筑材料也多采用环保材料,实现了可持续的利用。

2. 总体规划

无论产业还是功能,都需要土地这一载体,无锡田园东方有416公顷的土地使用权。作为探索性实践,项目总体规划将土地划分为两期:一期为40公顷,作为实践示范区,并已经投入使用;二期为376公顷,等一期示范区成熟之后在继续建设,已经于2017年初开工。在这416公顷的范围内,大部分为桃林、农田与水塘等农业资源,还有对少数村庄民宅的保留。总体规划对原有的乡村特征予以尊重与保留,并将乡村景观、农业生产、田园生活作为核心要素。

(1)现代农业板块

在田园东方建设中,现代农业板块主要是对原有大片桃林的保留,并将部分农田转化成水蜜桃种植与培育基地,从而使水蜜桃种植更具规模。另外,在种植技术和管理上采用现代的手段,形成现代农业产业园,大片桃林是园区的基底,不仅是农业产业的组成成分,也是一种景观要素,同时还容纳了文旅休闲的内容。总之,水蜜桃种植与观光的融合规划,让游客不仅可以三月观赏桃花,还能在七月品尝果实,实现了功能上的互动。

(2)文娱休闲板块

结合基地环境与周边城市居民的特点,引入咖啡馆、民俗、有机餐厅、面包房、书店等文旅项目,更能吸引广大的游客来观光旅游。田园东方在建设中充分利用原有村庄的民宅,经过仔细地筛选,保存了具有历史价值的民居,并对其进行改造,同时从实际需求出发,新建了一些建筑。因此,新旧建筑的结合构成文旅功能的空间载体。

(3)田园社区板块

无锡田园东方的田园社区板块主要以拾房桃溪田园居住区为主,容积率低、居住建筑密度也低,内部为低层住宅或者别墅,并结合乡土景观,无论是短期停留还是长期居住,都是比较好的选择。

另外,一期示范区位于整个园区的东南部,由水蜜桃示范基地、蜜桃村乡村文创园、拾房桃溪田园社区构成。蜜桃村乡村文创园本是拾房村的一部分,村中原有古井、民宅等设施,并保留了农田、池塘等元素,并将餐饮、民宿、咖啡、书院等植入进去。旧建筑的改造加上新建筑的构建,形成文创园的十大活动空间。

总之,无锡田园东方以农业为基础,田园基底,大片的桃园、农田为产业的一环,为人们提供了广泛的生活与休闲的场所。这种对自然予以充分尊重的的规划形式,给人们塑造了重归田园的机会。

(三)田园建筑及景观规划

无锡田园东方的建筑与景观构建充分考虑乡土特征与场地条件,从而构成其众多产业与功能的空间载体,因此这些建筑与景观也是田园综合体的重要组成成分。

1. 田园建筑——拾房村的"新拾房"

一期示范区的建筑主要位于蜜桃村乡村文创园,为了将新的功能融入原有的乡村空间,实现乡村建筑的可持续利用,将原有的六栋具有历史价值的民宅进行改造。同时为了满足游客的需要,又新建了四栋建筑。十栋房子不仅保留了拾房村的文化因素与空间,还呼应了拾房村的村名、历史文脉,因此称为拾房村的"新拾房"。

对于旧有建筑的改造,要坚持原真性原则,通过对墙体、门窗、屋顶等的修缮,尽可能恢复其原貌,将原有建筑空间的特质保留下来。同时,在旧有建筑的改造中还需要关注空间的适用度,改造后的比例与空间尺寸等要能够承载新功能,使用的材料也尽可能减少对原有建筑的破坏。

对于六栋老房来说,它们的结构非常稳定,只要稍微修缮一下就可以安全使用。下面对老房的改造进行介绍。

(1)拾房书院

设计初期,原本是计划将其改造成书店,但是在建造时,一块写有"私立昌盛国民学校"的牌子被挖掘出来,为了保留拾房村乡村小学的记忆,与具有150余年历史的阳山安阳书院的书院文化紧密贴合,设计者决定将其改造为"拾房书院"。在设计中,其基本保留了原有房屋的屋顶与结构,对不满足需求的构件进行清洗与修缮,对损坏严重的门窗进行改造。整体来说,虽然改造中运用的是现代的材料,但是质感、色彩等都与原有的房屋特色相符,如图8-1所示。

图 8-1 拾房书院

(2)拾房市集

拾房市集是拆除原有房子的部分墙体,保留原本的构架改造

而成的。保留墙体的部分作为市集的仓储与办公空间,拆除的部分作为开放的市集交流空间。改造之后,拾房市集不仅可以从外部看到老房的构架,还能让市集空间中的人的视线延伸到周边田园,这就使得原本封闭的民居变成了室内外空间交融的乡村市集,如图8-2所示。

图 8-2 拾房市集

(3) 多多面包树餐厅

多多面包树餐厅是老房被赋予的"第二代"功能,在设计之初的功能是"井咖啡",这是因为院子入口处有一口古井,但后来考虑到老房的功能,将其改为餐饮配套餐厅。为了满足餐厅的设计需要,设计者将公共就餐区的墙体进行拆除,将老房的小窗改为大的直棂窗,给人以若隐若现之感,也保证了视线的通透。在靠近玻璃窗的地面上,铺设了木质地板,打造成为室外的生态就餐区。

多多面包树餐厅并没有在室内进行硬装,只将房屋构架进行清洗与修正,加上阳光的普照,给人一种淳朴的自然风格,如图 8-3 所示。

2. 新房融入——新建筑的建造

对于新建建筑,主要考虑的是建筑的可持续性以及与地域环境的融合。新建建筑的材料选择、结构形式等都应该是轻质的,对环境危害小的,以减少在建设中对环境的破坏,同时尽量使用可以循环利用的材料。需要指出的是,新建建筑需要与旧建筑保持协调。田园生活馆与田园大讲堂是两栋代表性建筑。

图 8-3 多多面包树餐厅

(1)田园生活馆

在无锡田园东方建设中,田园生活馆是体量最大的综合性建筑,其面积达 1300 平方米,目前的主要功能是办公、接待等。田园生活馆一是对原有的池塘水系进行适当改造,命名为"鹅湖";二是从功能需求出发,建设了一座具有围合式院落特点的"四水归堂"水庭,实现了功能与形式、建筑与环境的融合。

走进田园生活馆,"鹅湖"中很多大白鹅嘎嘎声回荡,给人以乡村的气息。外部用现代手法描绘了传统文化的内涵,即单坡屋顶、深灰铝板表皮的呈现,并保证了建筑的内外通透。室内墙体、吊顶等采用自然竹木材质,并设计了暖色调灯光,营造了一种宁静的田园氛围,如图 8-4 所示。

(2)田园大讲堂

田园大讲堂也是一栋体量较大的建筑,是一种融会议、休息、展示为一体的复合建筑,总面积为 800 平方米。这座建筑受规划条件的限制,导致室外空间远远大于室内空间。整栋建筑的主体结构坚持便于建造、可回收利用的原则,用江南生产的毛竹与麦秸作为围护,室内地面采用价格低廉的素水泥。其不仅与北侧的田园生活馆相互呼应,也与周边景观环境相互对话,如图 8-5 所示。

图 8-4 田园生活馆

图 8-5 田园大讲堂

总之,十栋新老建筑不仅有空间体型、材质肌理的对比,还彼此和谐与统一,形成完整的"新拾房"村落结构。

3. 田园景观——观赏与体验

无锡田园东方的田园景观的设计考虑了居住、产业、体验、观赏等多种需求,将农作物、自然景观作为关键要素,采用区域性自然终止模式,营造了一种舒适、浪漫的田园生活。

(1)核心景观区

一期示范区的核心景观区采用农业景观化、景观农业化的设计手法,摒弃传统的大片花卉与草坪的模式,以菜地农田作为核心景观,且根据不同的季节来种植,彰显了田园的特点。同时,这些作物也可以作为餐厅的食材，如图 8-6 所示。

图 8-6　核心景观区的菜地

(2) 景观体验

无锡田园东方的景观设计也结合了观赏与体验，如多种香料植物的香草花园，可以让游人欣赏与学习。水蜜桃示范基地可以让人们观光与采摘。占地 24.3hm² 的"蜜桃猪的田园乐园"很受孩子们喜欢。这一设计主要是建立在自然环保与亲子互动的基础上，利用树桩、泥土等自然要素，为孩子们打造了一个非动力亲子游乐园。孩子们好动的天性能够在这里得到释放，如图 8-7 所示。

图 8-7　蜜桃猪的田园乐园

(3)景观素材的利用

在景观设计中,保留了基地内部成形的樟树、桃树等树木,且树上的鸟窝也得到了保护。同时,在设计时也保留了民居搬迁之后的砖瓦,进行回收,用于墙体铸造与景观装饰。村民废弃的石碾、石墩等物件被纳入景观设计中,如图8-8所示。此外,砍伐之后的桃树枝干也被用于面包房的燃料,实现二次利用,如图8-9所示。

图8-8 老物件的利用

图8-9 砍伐下的桃树枝干的利用

(四)意义及启示

要想实现"乡村振兴战略",就必然要促进农村产业的融合发展。而田园综合体正是适应国家政策的需要,也与市场经济相符合,最终实现城乡一体化。无锡田园东方解决了城乡的二元矛盾,其创新模式决定了其在促进乡村发展、满足城市需求、优化经济产业结构、保护传统文化层面有着重要作用。

二、宝峰寨村生态绿化

山西省大同市浑源县宝峰寨村位于晋北凉温带干旱风沙森林草原区中的大同盆地亚区,背山靠水,其远离城市,乡村发展仍以第一产业为主,兼有第二产业,具有我国北方山区村庄的典型性,以此为例对整个村庄的绿地系统进行规划改造设计,同时也对乡村景观生态绿化技术成果进行实践验证。

(一)宝峰寨村简况

1. 地理位置

浑源县西留乡宝峰寨村位于浑源县西部(大同盆地东南边缘),距县城10千米,村域面积538公顷。村西北背靠横山、卧虎山,村北为韩镇公路,交通便利,村东1.5千米为浑河,地下水丰富。

2. 气候特征

宝峰寨村属中温带大陆性季风气候区,春季干燥,多风沙,雨季集中(7月下旬至9月上旬),多局部性大雨,且常发生山洪。年平均气温6.2摄氏度,年平均降水量400毫米,无霜期平均为120天。

3. 植被资源

宝峰寨村宜林地332000平方米,退耕还林地全为灌木林,主要树种为柠条、紫穗槐。

4. 人文资源

村内有三官庙、桃花庙两座庙宇。三官庙供奉天、地、水,反映了乡村农民朴素的世界观。桃花庙又叫五谷庙,保佑村内和和顺顺、五谷丰登。村内还有清代孟氏窑洞、宅院,近山上有明代驻守边关的古城堡遗址。

5. 村庄建设现状

村庄有 2 条主要街道,已经全部硬化,两侧绿化也在逐步完善,部分巷道尚未硬化,村内新建防洪排污渠 2500 米,村内新建垃圾池 10 座,全封闭垃圾池 1 座,村内干净整洁。

村内有一所已荒废的小学,学校操场在农忙时兼作晾晒场,村内翻新了村中央舞台以及村委会、卫生院,并新建文化活动中心,包括老年活动室、图书馆等,舞台前有一个小广场,几乎无绿化。

(二)宝峰寨村绿化现状与规划

宝峰寨村由于历届乡镇府的重视,具有较完备的基础设施,村民绿化意识较强,乡村绿化基础良好。其绿化大致经过以下几个阶段:2008 年编制《浑源县西留乡宝峰寨村村庄建设规划》,以 20 年为期,规划村庄发展方向;2012 年,新建村活动中心,翻修舞台、卫生室、图书馆、老年活动中心;2013 年 5 月,根据城乡卫生清洁工程,全村设置了垃圾处理点、垃圾池、垃圾收集车、清运车以及专职卫生员;2014 年,建设村内防洪排污渠 2500 米,并进行全村绿化,栽植垂柳、油松、杜松、桧柏、桃叶卫矛等绿化树种;2015 年,随着美丽乡村的提出,预申请山西省卫生文明村,建设美丽乡村。目前宝峰寨村乡村绿化覆盖率约为 15%,通过绿化改造后绿化覆盖率可达到 50% 以上。绿化现状如图 8-10 所示。

图 8-10 宝峰寨村现状鸟瞰图

宝峰寨村具体改造如下。

1. 道路绿化

(1)进村路绿化改造

绿化现状：宝峰寨村进村主路有两条，均垂直于韩镇公路，总宽度均为5.5米，村口没有明显的标志性绿化。东进村路两侧绿化一侧为胸径约20厘米的杨树，株距为4米，另一侧为胸径约5厘米的柳树，株距为3米；西进村路两侧绿化均为胸径约5厘米的柳树，株距为2.5米。

绿化改造：在村口设置绿化标志，结合该村文化设置城墙小品，突出该村文化特色，如图8-11所示。东进村路采用落叶大乔木＋常绿树，单行株间混交；西进村路也采用落叶大乔木＋常绿树，但行间带状混交。由于该村有发展药材的潜力，故林下可栽植部分药草。树种选择结合现有杨树、柳树，选择树种搭配模式为杨树＋油松，柳树＋油松，株距保持在4米左右。

图8-11 宝峰寨进村绿化改造

(2)街巷绿化改造

绿化现状：村内有四条主要街巷，路面宽度约为6米，绿化树种为杨树、油松、柳树、杜松、桧柏以及桃叶卫矛。由于宝峰寨特殊的地质地理情况，街巷绿化与防洪排污渠绿化结合在一起。较小街巷由于街巷窄小,没有绿化。

绿化改造:村内四条主要街巷,采用落叶乔木、花灌木等,单行株间混交。具体树种配置为榆树、卫矛、丁香等,地被可选用当地药材替代,其余较窄小巷道,宽为 2 米左右,不考虑种植,如图 8-12 所示。

图 8-12　街巷绿化改造

2. 庭院绿地

绿化现状:宝峰寨村村民庭院中硬化较少,多种植蔬菜,并辟有小块地,种植喜欢的花草,较少种植果树,有些院内种植杨树。

绿化改造:根据庭院面积大小,种植不同种类的经济树,并注意与房屋的采光关系。根据村庄的实际情况,主要选择果蔬田园型绿化模式,种植应时花卉和杏树、枣树、梨树等果树,如图 8-13 所示。对于个别较富裕家庭,采用园林休闲型绿化模式,以自然式布局,布置休息设施,搭配乡土树种,体现乡村野趣。

3. 景观绿地

绿化现状:宝峰寨村西面靠山,东边有神溪渠。沿村设有护村林带;现村域内河道沟渠绿化多与道路绿化结合在一起。村内近山绿化由于自然条件较差,管护不到位,山上植被较少,有部分退耕还林地种植低矮灌木柠条以及紫穗槐,急需绿化,由于西留乡各个建制村围绕卧虎山一线山体,卧虎山以及横山可通过逐年绿化,建造成为森林公园。

图 8-13　庭院绿地改造

　　绿化改造:宝峰寨村近山绿化山体多为阴坡,海拔 1000 米以上,种植沙棘、柠条、红瑞木、北沙柳,部分阳坡段种植山桃、山杏、白榆、黄榆混交林,具体模式设计及树种选择参照近山绿化模式,如图 8-14 所示。

图 8-14　景观绿地改造

　　宝峰寨村护村林与近山绿化、现有道路网络以及沟渠绿化相结合,形成"网格＋环"的网格格局,连点成线,连线成面。设计原则主要为因地制宜、因害设防、科学规划、整体协调等。由于宝峰寨村的地理位置,风沙危害严重,故护村林采用防风固沙防护林模式,以农田防护林为主,选择树种柠条、沙棘、丁香、黄刺玫、沙地柏、杨树、柳树、山杏、油松、杜松,主林带加生物地埂进行林带设置。主林带布设与北方方向垂直,副林带垂直于主林带。

宝峰寨村河道绿化以渠道绿化为主,参照沟渠绿化模式,包括防洪排污渠绿化、用水灌溉渠即神溪渠绿化,结合现有道路绿化进行综合考虑,树种选择新疆杨、垂柳、白蜡、紫穗槐、黄柳。

(三)意义及启示

通过对宝峰寨村的绿化进行改造,使宝峰寨村的整体绿化得到提升,街巷绿化整体升级,增加绿化面积,丰富植物层次,并与闲散地、河渠绿化相结合,使绿化具有连贯性。宝峰寨村庄的庭院绿地模式设计更是引导了村民的生活态度以及生活方式,也是此次规划的亮点,单位绿地与公园绿地相结合。景观绿地有望通过不断的绿化,建成环乡森林公园,成为浑源县城郊森林公园,意义重大。

总体来说,宝峰寨村的绿化改造兼具系统性和科学性,并且能很好地体现乡土气息,乡村韵味,并展现本土的文化特色以及文化氛围,极大地满足了村民生活游憩、休闲的需要。

第二节 乡村景观规划国外案例分析

一、美国弗雷斯诺"农业旅游区"

弗雷斯诺(Fresno)"农业旅游区"是由弗雷斯诺市东南部的农业生产区及休闲观光农业组成的,也是典型的田园综合体项目。区内有美国重要的葡萄种植基地及其产业区,以及受都市家庭喜欢的水果集市、赏花径、薰衣草种植园等。

(一)弗雷斯诺"农业旅游区"的经验模式

弗雷斯诺"农业旅游区"依托生态资源、产业资源、区位配套等,发展本区的休闲农业,且为生态度假提供综合性的服务,具体如图 8-15 所示。

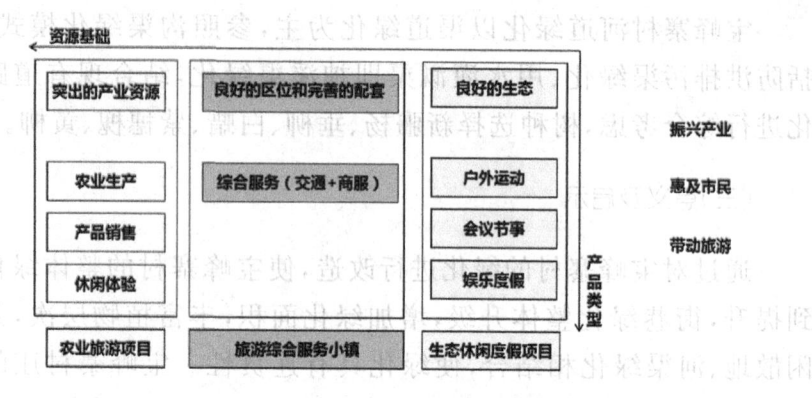

图 8-15 弗雷斯诺"农业旅游区"的模式
（资料来源：王国灿，2017）

（二）弗雷斯诺"农业旅游区"的总体规划

弗雷斯诺"农业旅游区"依托弗雷斯诺市的有利条件，形成"综合服务镇＋农业特色镇＋十大项目"的立体构架。

1. 综合服务镇

弗雷斯诺"农业旅游区"位于市中心去往东部国家公园及南部休闲农业景点的重要节点，因此交通区位优势明显。并且，其中包含 26 处餐厅、7 处便利店，以及多个旅馆，如 Rose Motel 汽车旅馆、Town House 汽车旅馆（图 8-16）等，因此商业配套设施也非常完善。

2. 农业特色镇

弗雷斯诺"农业旅游区"有四个农业特色镇，即塞尔玛（Selma）、奥兰治湾（Orange Cove）、金斯堡（Kingsburg）、里德利（Reedlley）。其中塞尔玛是世界葡萄干之都，也是水蜜桃之乡；奥兰治湾主要种植橙、橄榄、柠檬、葡萄等作物，也有成熟的家庭水果作坊；金斯堡主要作物是西瓜、葡萄、棉花等，也是世界上最大的水果加工中心；里德利是世界的水果篮，也是花卉苗木基地。

图 8-17 为葡萄种植基地。

图 8-16 Town House 汽车旅馆

图 8-17 葡萄种植基地

3. 十大项目

弗雷斯诺"农业旅游区"的项目类型全面，功能也各有侧重，能够满足不同人群的需要。

观光科普为主：

(1)150 多个品种的果树占地 80 多亩，可以进行有机水果采购，适合旅行团。

(2)多品种的马、山羊等科普观光,适合青少年与家庭。

体验为主:

(1)全年蔬果的采摘、农具机械虚拟体验、酒吧,适合年轻人。

(2)圣诞树+樱花+葡萄种植;南瓜种植科普与体验;圣诞节派对,适合青少年或家庭。

(3)薰衣草观光与科普,园艺与美食,适合学生、亲友与旅行团。

产销为主:

(1)果园及农产品超市观光与购物,适合水果商与旅行团。

(2)葡萄种植与干货加工中心与销售,适合水果商与旅行团。

(3)水果、蔬菜、干果、花卉等有机农产品销售,适合所有人群。

度假为主:

(1)75亩林地,内有SPA及水上运动项目,也有婚庆与会议服务,适合企业、家庭与旅行团。

(2)临河谷,里面有餐饮、美食、露营地,适合年轻人、自驾游客、家庭。

(三)意义及启示

弗雷斯诺"农业旅游区"在空间结构上,依托良乡城区,形成"综合服务镇+农业特色镇+十大项目"的立体构架。同时,其因地制宜地确定片区发展方向,属于资源导向型,交通便利的地方,重视综合服务的发展;产业较强的地方,重视生产与销售;生态佳的地方,重视度假。在农业基础上,实现第一、第二、第三产业的融合,既有第一产业,又对第一产业进行升级创新,实现三产的结合,发展复合化功能。

二、法国普罗旺斯"休闲农业"

普罗旺斯是欧洲的"骑士之城",位于法国东南部,毗邻地中海与意大利,这一地区由于阳光明媚、物产富饶、风景优美,因此吸引着很多的游客来观光旅游。普罗旺斯地区天气阴晴不定,时

第八章　乡村景观规划案例分析

而和煦,时而狂风大作,地势高低起伏,既有广阔的平原,也有险峻的山峰与峡谷等。七八月是薰衣草的季节,也是普罗旺斯的特色,给法国带来一种浪漫的气息。

(一)普罗旺斯"休闲农业"的总体规划

普罗旺斯位于法国东南方的一角,四周为自然屏障,西部与隆河相邻,东部与阿尔卑斯山相邻,北部以橄榄树的生长为界,南部为地中海。因此,其有着丰厚的自然资源。具体包含以下几点。

1. 先赋资源

自然风景和气候,小镇主要集中在西部罗纳河及其支流流域。在沃克吕兹地区由于丘陵比较多,这里的村镇也就相应地建在小山上。房屋装饰着木雕,街道用鹅卵石铺成,路边点缀着古代的喷泉,如图8-18所示。

图 8-18　普罗旺斯的村镇

2. 历史财富

古罗马时期,希腊人第一个在普罗旺斯组建殖民地,并把橄榄树引种到此。继凯尔特落及其他北方部落之后,它便成为罗马人的殖民地,这是罗马人在意大利之外首先建立起的第一个省,并仿造当时军营的标准,在这里留下了无可比拟的建筑传统。图 8-19 为普罗旺斯的橄榄树。

图 8-19 普罗旺斯的橄榄树

3. 休闲活动和休闲场所

普罗旺斯有许多定期集市,其中最大的阿尔露天集市沿最宽阔的布勒瓦赫林荫大道铺开,整整 3 千米。每个星期六,警察会在布勒瓦赫林荫大道两端设禁止机动车通行的路障,平日里的一条主干道转眼变成步行街。

4. 艺术氛围

彩色泥人是这里最传统的一种手工艺品。它诞生于法国大革命时期,后来,艺人们用本地出产的泥土雕刻、烧制成二、三厘米至几十厘米高的泥人来表现当地农民收获薰衣草、采摘橄榄、过圣诞节时的盛大场面。

5. 产业化

普罗旺斯以优美的环境吸引游客,尤其是薰衣草庄园(见图 8-20),不仅具有景观欣赏价值,还带动薰衣草销售等发展,并根据时令等举办节庆活动,营造浓厚的休闲氛围。

图 8-20　普罗旺斯的薰衣草庄园

(二)意义及启示

普罗旺斯是欧洲古镇,经过千百年在历史的积淀下而成的,里面蕴含着精致、优雅的生活方式与艺术氛围,再加上古老的传统与生活习俗,打造成为一个农业旅游小镇。其成功对我们有着重要的启示。

首先,要树立在保护中开发、在开发中保护的理念,从而寻找合理的制约机制,寻求利益的平衡。

其次,树立旅游、文化、经济的联动理念。开发小镇不仅仅是为了旅游,更是为了传播文化,从而让旅游品牌向外扩散,并带动当地农村、农业经济的发展,实现区域经济的和谐。

最后,把握小镇的历史与文化脉络,小镇的旅游与发展必须与历史文化肌理联系起来,通过挖掘历史文化资源,用小镇旅游来搭建历史文化传承的载体。

第九章 乡村景观评价

乡村景观评价是乡村景观规划的重要组成部分,是乡村景观规划与设计的基础和重要依据,同时也是检验乡村景观规划建设成果的必要标准。本章就对乡村景观评价的具体内容进行分析。

第一节 乡村景观评价概述

乡村景观评价是为了对乡村景观资源进行评价,从而揭示出其中的问题与优点,最终为乡村景观资源的科学利用提供的依据。除此之外,乡村景观评价还可以检验乡村景观规划是否达到了预期目标,从而对评价体系进行修正。因此,乡村景观评价对于保护乡村景观的完整性,挖掘乡村景观资源的经济价值,改善乡村的生态环境,充分发挥乡村景观资源的社会、经济和生态效益,具有重要的理论研究价值和现实指导意义。

一、乡村景观评价的相关概念

(一)评价与评估

在实际生活中,评价、评估、评定和评鉴等概念的使用比较混乱,它们被当作同义词使用的情况屡见不鲜。即使在西方,理论界和实际工作者对这些术语的用法也并不规范,在英文中就有 evaluation,assessment 和 appraisal 等词。对乡村景观评价展开分析,首先需要了解评价和评估的相关概念。

第九章 乡村景观评价

1. 评价

评价一般是指按明确目标测定对象的属性,并把它变成主观效用(满足主体要求的程度)的行为,即明确价值的过程。"评价"这一概念是由泰勒(Tyler)提出的,与测试的内涵极易混淆。在很多学者看来,评价是人类认知活动中的一部分,且是非常特殊的部分,它能够揭示出整个世界的价值,并对其进行创造与构建。

早在900多年前的《宋史·戚同文传》上就有:"市物不评价,市人知而不欺",这里"评价"是讨价还价的意思。现在,评价泛指对人物、事物的作用或价值的衡量。

从哲学的观点来看,评价是主体对客体内在品质或客体行为及其影响效果的认识与价值判断。

2. 评估

评估是主体对客体能由市场交换价值体现的经济效益或客体行为产生的经济效益量的判断评定,或主体对客体实用价值数量上的评定。

可以看出,评价是评估的基础,评估又归属于评价中的一部分,是价值货币实现可能的体现。其实,不论是评价还是评估,都是主体对客体价值的认识。

从字面上看,评价就是评判价值的缩略语,评估则似乎在判定之外有估计之意。从系统科学或运筹学的角度来看,评价与评估在运用中还是有细微差别的,评价常与理论探讨匹配,如评价理论、评价学说和评价函数等,评估则常与实务结合,如质量评估、项目评估和资产评估等。当然,也有混用的情形,大都发生在实务中用评价一词,如质量评价、经济效益评价和社会效益评价等。理论方面用评估的情况很少见,特别是方法论中,如评价指标、评价指标体系和评价公式等。

3. 景观评价与景观评估

对于景观,早期的评估或评价都是针对美学质量而言的。美学质量的评估(assessment)与评价(evaluation)有着一定的差异。

(1)美学质量的评估是指某一景观区域与其他景观区域相比,具有相对的美学优势。

(2)美学质量的评价是指与其他价值、资源以及人类需求相关的不同级别的美学质量的价值。

对于大多数资源来说,评估与评价的区别一般是明显的,但是对于景观美学质量的评估与评价之间的区别常常并不明显,部分原因在于缺乏确定景观价值的传统方法。一般来说,景观质量的评估越高,意味着其价值越高,虽然这一假设是合理的,但是仍然需要另外的评价过程来确定与其他价值和资源相关的不同级别的视觉美学质量的准确价值。

(二)景观质量

从宏观上来说,景观质量(landscape quality)包含的范围很广,如环境质量、生态质量、社会文化质量等。

雅克(jacque)认为,区别价值(value)和质量(quality)是没有意义的,因为两者涉及的是现实景观(见到)和理想景观(想象)之间的比较。[①]

(三)视觉影响

景观质量的视觉影响(visual impact)是指拟开发活动在某一区域内造成的物质形态的变化。

康特(Larry W. Canter)在 *Environmental Impact Assessment* (1996)中认为:视觉影响评价是预测和评价拟开发活动在某一特定区域内造成景观潜在的美学或视觉影响的显著性和强度。对于视觉影响评价,也有景观影响评价的提法,两者概念的区别比较模糊,其本质区别在于:景观影响评价更侧重于观察的客体——景观的美学变化,视觉影响评价更侧重于观察的主体——

[①] 转引自赵德义,张侠. 村庄景观规划[M]. 北京:中国农业出版社,2009:111.

人的视觉感受。[①]

视觉质量(visual quality)是"美景"的同义词,传达对客观现实的一种印象。景观评价(landscape evaluation)是用常用数字来确定视觉质量的一种单一度量,用"景观质量测量"更为恰当。评判(judgment)是设计专业用来评价"视觉质量"的假设能力,以区别于价值。

景观价值(landscape value)是对源于一种景观类型的美感的个人主观评价;景观评估(landscape appraisal)是景观变化对景观价值影响的研究,偏爱(preference)比其他景观类型更为喜好的景观类型。

二、乡村景观评价的研究现状

对于乡村景观评价,国内外学者都做过很多研究。下面对国内外研究现状进行总结与分析。

(一)国外研究现状

在工业化和城市化的带动下,国外很多乡村景观受到了破坏。为了解决这个问题,美国、英国等发达国家采取了一些有效措施。

从20世纪60年代到70年代初期,美国和英国相继出台了一系列明确提出或强调保护乡村景观的法令,如美国国会通过的《野地法》(1964)、《国家环境政策法》(1969)和英国通过的《乡村法》(1968)。这些法令的制定,标志着乡村景观资源具有了法律地位。

最早的景观评价是指景观视觉质量(visual quality)的评价,这与当时人们对"景观"的理解有关,即视觉美学意义上的景观,这决定了当时风景美学研究的中心课题就是风景质量评价。

从20世纪60年代中期开始,以美国为中心开展的景观评价

[①] 赵德义,张侠. 村庄景观规划[M]. 北京:中国农业出版社,2009:111.

研究也是针对景观的视觉美学意义而言的。在随后的 20 多年里,风景评价及美学研究不断深入,并拓展到众多学科领域。

目前被公认的有四大学派:专家学派、心理物理学派、认知学派(或称心理学派)和经验学派(现象学派)。其中,专家学派在美国和英国的景观评价研究与实践中一直占有统治地位,并被许多官方机构所采用。

美国林务局的 VMS 系统和土地管理局的 VRM 系统主要适用于自然景观类型,主要目的是通过自然资源(包括森林、山川、水面等)的景观评价,制定出合理利用这些资源的措施;美国土壤保护局的 LRM 系统则主要以乡村、郊区景观为对象;联邦公路局的 VIA 系统则适合于更大范围的景观类型,主要目的是评价人的活动(建筑施工、道路交通等)对风景的破坏作用,以及如何最大限度地保护景观资源等。

英国对景观质量的评价从景观的资源型、美学质量、未被破坏性、空间统一性、保护价值和社会认同等方面来考虑。

此外,欧洲其他一些国家在乡村景观评价方面也有突出的贡献。例如,捷克的景观生态规划与优化 LANDEP 系统,荷兰 ISO-MUI,提出的 Spatial Concepts 和 Ecological Networks 等描述多目标乡村土地利用的最新思想和方法论。

德国斯坦哈特(Steinhardt,1998)描述了景观评价与规划的几个等级层次,并用模糊评判理论进行中、小尺度上的景观评价实例研究。

欧盟基于共同的农业政策,既要保证粮食安全又要保护乡村地区的景观质量,建立了一套指标体系去评价乡村的可持续性,经不同领域专家讨论研究后,确定了乡村景观可持续发展的指标体系。

古林克探讨了景观评价的流程,在土地利用覆被数据的基础上建立了景观评价指标框架,从完整性、多样性和视觉质量三方面选取了城市化度、文化持续性、农业生产潜力、生态恢复潜力、土地利用适宜性、破碎度、物种丰富度、自然恢复潜力和旅游潜力等指标,并对西班牙马德里地区进行实例研究。

(二)国内研究现状

上述国外对乡村景观评价的研究也在一定程度上影响着我国乡村景观评价的研究。但是,由于每个国家的国情不同,因此乡村景观评价没有固定的章法可循。具体来说,国内乡村景观评价的研究主要表现在以下几个方面。

1. 乡村生态环境质量评价

乡村生态环境质量评价是从生态环境保护的角度进行评价指标体系而建立的。这个领域的研究无论在指标体系,还是在评价方法上都比较成熟,因此研究相对比较深入。

例如,丁维等在《江苏省海门县农村生态环境评价方法》(1994)中采用层次分析结构模型为基础的综合评价方法,建立农村生态环境系统的递阶五层次的结构模型,并从农业生产、居民点生活和乡镇工业系统三个亚目标层选择了36个指标,建立评价指标体系,并对农村生态环境进行定量评价。

2. 风景资源评价

我国对风景资源评价也进行了较为深入的研究。

例如,国内学者刘滨谊的《风景景观工程体系化》(1990)以量化为特征,提出了风景资源评价、风景视觉感受的旷奥分析评价,解决了景观审美评价和感受预测量化的难题。

俞孔坚对景观美学质量评价的理论依据、景观审美意识系统的层次结构、评价的方法与程序做了系统性地探讨。运用BIB—LCJ审美评判测量法进行自然风景质量的评价研究,并把景观敏感度和景观阈值应用到景观保护规划中。

3. 乡村景观评价

我国学者对乡村景观评价的角度不同,有从综合的、整体的角度展开的评价,也有从具体的角度展开的评价。

例如,谢花林、刘黎明等提出以景观美学质量为导向的 3 个层次(目标层、准则层和指标层)的乡村景观美感评价指标体系。并从自然性、奇特性、环境状况、有序性、视觉多样性和运动性 6 个准则层提取 19 个具体指标进行乡村景观美感的评价。在此基础上提出模糊综合评判模型,以取得乡村景观美感评价的合理结果。

刘滨谊和王云才则提出了以人居环境为导向的乡村景观可居度、可达度、相容度、敏感度、美景度"五度"的乡村景观评价指标体系,"五度"都建立了各自相应的评价指标体系。

根据乡村景观的社会效应、生态质量和美感效果三层次功能,刘黎明等建立了包含目标层、项目层、评价因素层和指标层 4 个层次、32 项指标的乡村景观综合评价指标体系,并以北京市海淀区白家疃村为例,运用综合评价模型进行评估分析。

4. 景观生态评价

肖笃宁等概述了景观分类与评价的生态原则,提出了自然、经营和人工等不同景观类型的特性,探讨景观的独特性、多样性和功效性等多重价值。

阎传海以地貌为基本线索,以植被为标志,建立了山东省南部的景观生态分类系统(包括 5 个景观型、15 个景观亚型)。根据景观型之间的相似性与差异性,选取稀疏植被、森林植被景观及旱作、水旱轮作景观两套指标,对各景观亚型进行生态评价。

第二节 乡村景观评价的类型

乡村景观评价根据不同的切入点可以分为不同的评价类型。下面对常见的几种评价类型展开分析。

一、乡村景观资源评价

(一)乡村景观资源评价的意义

乡村景观是乡村景观资源的重要组成部分,带有一定的特殊性,具有高度的发展价值,是进行资源保护、资源开发、资源利用的产业化过程。

大体上说,乡村景观资源可以分为自然类资源、文化类资源和混合类资源三种。乡村景观是一种可以供开发和利用的综合类资源,与乡村经济、社会发展、景观环境息息相关,带有多种价值属性。

乡村景观资源的开发对于乡村优势利用有着重要影响,有利于乡村摆脱传统乡村观,解除乡村发展的制约。同时,乡村景观资源开发还有利于乡村功能的完善,对于产业发展模式的形成大有裨益,是推动乡村景观可持续发展的途径。

(二)乡村景观资源评价的内容

乡村景观资源评价(rural landscape resource assessment)的出发点和落脚点在于以市场需求为中心的景观资源开发与实现景观效用价值两个关键环节。

景观资源的价值、功能成为评价的主要内容。乡村景观资源除了一般意义上的美学价值,还有其他一些效用、功能和价值,如乡村景观的效用价值、乡村景观的功能价值、乡村景观的娱乐价值、乡村景观的生态价值等。

景观功能是乡村景观资源开发与满足景观消费者需求的核心。开发乡村景观价值并形成乡村景观产品是满足市场需求的经济途径。应通过乡村提供的产品,将乡村的潜在价值转化为现实的市场价值,实现乡村景观的功能。由此可见,以价值功能为核心进行乡村景观资源评价往往使评价更加客观、准确、科学和可行。图 9-1 为乡村景观资源价值——功能评价模式。

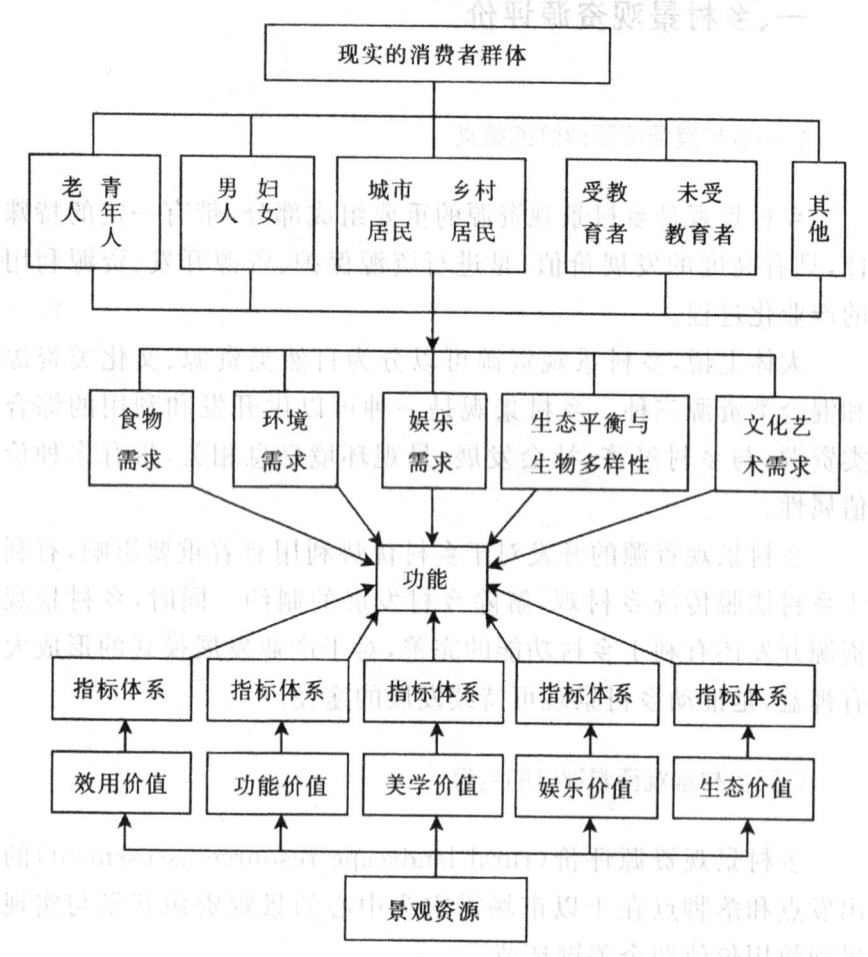

图 9-1　乡村景观资源价值——功能评价模式
（资料来源：赵德义、张侠，2009）

二、乡村景观敏感度评价

　　景观敏感度（landscape sensitivity）是指景观被注意到的量化程度。景观敏感度是景观的可见性、清晰性、醒目度的综合反映。对其的评价与景观自身的位置、物理属性等息息相关。

　　景观敏感度的评价是以主要观景点和观景路线为基点展开的。评价过程需要考虑相对坡度、相对距离、出现概率、醒目程度四个要素。

(一)相对坡度

当观景者与景观的相对视角($0°\leqslant a\leqslant 90°$)越大,景观被看到的部位和被注意到的程度越大。在垂直视角和水平视角都在30°的视域内,认为景观最为清晰,也最引人注目。

(二)相对距离

景观与观景者的相对距离越近,景观的易见性和清晰度就越高,人为活动带来的视觉冲击的可能性也就越大。因此,在进行乡村景观规划过程中,对相对距离也需要有所考虑。

(三)出现概率

在观景者视域内,景观出现的概率越大或持续的时间越长,景观的敏感度就越高,则景观及其附近的人为活动可能带来的冲击也就越大。

(四)醒目程度

景观的醒目程度主要由景观与环境的对比度所决定的,包括形体、线条、色彩、质地及动静的对比。对比度越高,景观敏感度也就越高。

敏感度综合分级分布:一级敏感区(近景带)、二级敏感区(中景带)、三级敏感区(远景带)和四级敏感区(不可见区域),景观敏感度依次呈递减的趋势。

三、乡村景观吸引力评价

(一)乡村景观吸引力评价的内涵

景观吸引力评价(landscape attraction assessment)最初用于

环境规划(environmental planning)。由于追求经济的增长,自然景观和乡村景观正在不断退化,保护不同的自然景观和乡村景观是社会健康、稳定发展的必要条件。随着对景观进行监测的需求日益增长,景观吸引力的量化技术在环境规划中显得越来越重要。

乡村景观吸引力是指景观客体对景观消费者形成的特殊魅力,在景观的"刺激—反映"过程中形成较强的心理反应和对景观的心理和行为冲动。吸引力是在主体对景观客体认知过程中形成的,可以是高质量的景观风景,也可以是景观传递中某种无形的信息。

(二)乡村景观吸引力评价的方法

乡村景观吸引力评价需要遵循以下三个原则。

(1)公众偏爱(非专家评价)将决定什么是具有吸引力的景观。

(2)利用群体和一种以上的技术对景观进行评价,以确保评分的可靠性。

(3)采用现场评价和照片评价相结合的技术。

具体来说,乡村景观吸引力评价的技术方法有两种:一是景观组成清单(the component checklist),记录观察者对每一景观要素的详细评估;二是两极语意分化序列(简称两极法)(the bi-polar semantic differential list),记录观察者对整体景观的情感反应。

1. 景观组成清单

景观组成清单是采用至少10人为一组的、现场的平均感受作为某一景观吸引力的度量标准,所得分值从0分(吸引力最低)到100分(吸引力最高)。

从统计学上讲,如果两个景观的分值相差6分以上,被视为相差0.05级别。景观组成分为地形(海岸或非海岸)、水体、植被、人类影响以及其他五类,其中每一要素的评价数值范围从－2分到2分,分别表示差、较差、一般、较好和很好。

2. 两极语意分化序列

两极语意分化序列同样采用至少10人为一组的平均感受作为某一景观吸引力的度量标准。对某一景观的感受既可来自现场也可来自幻灯片,其分值最高为100分。两个景观的分值相差6分以上,则概率上相差0.05。

两极语意分化序列的评价内容由21对意义完全相反的形容词组成,评价分值范围从1分到7分,表示这些词语描述某一景观的强烈程度。选取其中重要的14对评价平均分值,并根据各自的权重系数计算景观的得分。

对于同一景观,选择适当的路线有利于在两种不同评价方法所得的分值之间建立良好的相互关系。把两种评价方法所得分值进行平均可以得出每一景观的单一得分,并以此进行详细分类。

(1)分值≥70,可分级景观。

(2)60≤分值<69,可记录景观。

(3)分值<60,不记录。

对于以上两种景观吸引力评价方法,景观组成清单方法更具分析性和客观性,它不仅能量化景观吸引力,而且能详细说明为什么得这个分。两极法所能提供的评价信息相对来说就差一些,但是它能采用彩色幻灯片,而且能在两种技术之间建立很好的互动关系。因此,当不能采取现场评价时,可以采用两极法代替景观组成清单方法。

四、乡村景观视觉质量评价

在众多的景观评价技术中,景观评价方法分为描述法(descriptive inventories)、公众偏爱法(public preference methods)和定量整体技术法(quantitative holistic techniques)三类。

(1)描述法包括生态学和形式美学两种模型,多采用专家客观评价的方法。

(2)公众偏爱模型,如心理学和现象学模型,常常使用问卷调查的方式,采用公众中多数人的喜好模型。

(3)定量整体技术采用主观和客观的方法,包括心理物理学模型和替代模型。

乡村景观视觉质量评价(visual quality assessment of rural landscape)就是在综合这些景观评价方法的基础上提出的。

具体来说,乡村景观视觉质量评价的方法包括以下五个方面的内容。

(1)根据景观单元的相似性(土地利用、高度和坡度等),利用GIS对研究区域进行景观分类。

(2)对每一个景观单元的主要土地利用方式进行拍照。

(3)通过观察者的偏爱调查,评价景观的美景度。

(4)在对相隔一定距离的风景视觉质量进行度量后,利用绝对或额定变量对每一图像中出现的景观属性和要素的强度进行评价。

(5)通过逆向解释各变量,获得每一要素对景观视觉质量感知所起的作用。

一般认为,人造特征和荒芜程度在决定乡村景观的视觉质量中起着关键的作用。当人造特征是景观视觉质量中最重要的要素时,规划时应考虑这些要素对景观的影响;一些维持产量的土地,其景观质量较低,但与荒地相比,还是美的。对于农业景观,植被的比例和色彩对比是影响景观视觉质量的两个因素。作物的多样性降低,或农业景观的同质性越高,其视觉质量越低;相反,多种作物的土地分配,其视觉质量较高。

乡村景观视觉质量评价有助于乡村开发建设的决策制定。通过评价和比较,选择适合的开发建设场地,保护原有的乡村景观风貌。

五、乡村景观视觉影响评估

乡村景观视觉影响评估(visual impact assessment of rural landscape)是基于视觉影响评估(VIA)的基本方法。

(一)乡村景观视觉影响评估的准则

乡村景观视觉影响评估过程的主要准则包括以下几个方面。
(1)土地。土地的范围和品质。
(2)对以后土地使用有显著影响的历史事件。
(3)土地上建筑物的集聚,包括农地、建筑物、道路、城市和山脉。
(4)当地的居民。居民的人数、特性、文化和增加率。
(5)当地居民的收入及其所处的经济结构。

(二)乡村景观视觉影响评估的步骤

乡村景观视觉影响评估包括以下几个步骤。
(1)处理景观的描述或记录。
(2)评估使用者或观察者的特性。
(3)决定初步的视觉带。
(4)选定关键视觉点。
(5)评估相冲突的活动及土地使用特性。
(6)预备视觉影响评估和缓和措施。
上述六个步骤的部分是重叠的,而且公认是一般进行 VIA 的方法。

(三)乡村景观视觉影响评估程序的模式化格式

这个模式只是在进行乡村视觉影响评估时,作为程序上的参考。需要特别注意的是个别的环境或规划都有其个别的设计需求。

1. 第一阶段:景观叙述

一个精确而合理的视觉影响评估,其基础是景观描述或调查阶段,而调查又是任何视觉评估的第一基本步骤。调查范围主要包括以下几个方面的内容。

(1)一般性的描述。
(2)界线和边线。
(3)地形。
(4)植被。
(5)水体和河川灌溉系统。
(6)焦点的吸引力。
(7)野生动物及自然的事件。
(8)现有的土地使用包括文化的和历史的变更。

叙述性的调查是对被观察到的景观的合理描述,需尽可能地客观。原野地的叙述调查着重于地形、植被、水域、人类使用与发展;乡村景观的研究还需要针对其他因素调查,如意象和象征,即其历史、农业模式、分界线和边缘等的状况。

2. 第二阶段:观察者特性

观察者的特性可与景观的描述和引证同时决定或是随后立即处理。评估观察者对景观影响的反应,是整个乡村景观视觉影响评估过程的基本意图。因此做区域分析时,确知观察者的特性是很重要的。

以上的资料都可以在人口普查、游客旅游统计、土地经营管理、统计年鉴、设计的问卷和现场调查中得知。

3. 第三阶段:决定视轴线

在景观叙述之后是引证和观察者的评估,再将研究范围分为:从现有道路、铁路、水道或其他群众可到达或穿越本地途径的完全可见、部分可见和不可见等区域。

这个阶段首先需选出关键视点,并牢牢记住一些因素,主要有观察者位置、视域距离带(如前景、中景、背景)、光线状况(面光、背光、侧光,后者是本研究中判断视觉知觉最好的角度)。在视点上,可以观察到预定的经营活动或土地使用是否会变成所决定之视轴线上的焦点。

4. 第四阶段:关键视点分析

一旦景观描述、观察者特性和初步视轴线决定后(阶段一到阶段三),就可决定及模拟关键视点。

关键视点主要是由活动可被看见的次数、看见的时间长短、观察者看见活动或土地使用的数量及距离来决定,如越靠近活动,可能的影响就越大。每个关键视点都需要模拟。模拟方式可以选用以下几种。

(1)在实地照片上描绘到运用计算机影像处理。

(2)气球高度试验。

(3)透视图描绘和彩色投影片的制作。

5. 第五阶段:活动、土地使用特征的影响评估

分析者需从以上乡村景观视觉影响评估的程序中获取全部的活动影响,以便准备评估。并需模拟出实际的活动影响,因为土地使用的组成可能会对景观的植被、地形、水体和已存在的建筑物有不同的影响。

6. 第六阶段:视觉影响评估及缓和措施

最后一个步骤是提出乡村景观视觉影响评估框架,首先研究现有的景观和拟建的项目,接下来是对拟建的项目进行粗略的模拟,然后进行基本的视觉品质分级,再与视觉资源敏感度分级进行比较。如果在视觉品质分级以内的,则项目是可行的;如果超

出了视觉品质分级的,则需要采取缓和措施。

六、AVC 综合评价

AVC 理论的核心在于"三力",即一个旅游地的吸引力(Attraction)、生命力(Validity)以及承载力(Capacity),简称 AVC。乡村景观规划的最终目标还是呈现在乡村的社会、经济、环境三个层面。因此,其必然需要遵守"三力理论",从而在乡村景观的分析与评价、开发与利用、维护与管理中注重与兼顾乡村的社会、经济、环境三个层面的效益。

在 AVC 理论的指导下,AVC 综合评价也成为一种重要的乡村景观评价类型。具体而言,可以从如下几点来理解。

(一)乡村景观 AVC 综合评价的原则

1. 系统性原则

乡村景观综合评价指标体系是一项复杂的系统工程,具有层次性,从宏观到微观层层深入,形成完整的评价系统。评价指标体系应围绕评价的总体目标,全面真实地反映各评价客体的基本特征和价值。采用的评价指标应尽可能地完整齐全,不应有遗漏或有所偏颇,以防影响到评价结果的准确性。

2. 客观性原则

评价是主体对客体价值的认识,无法完全排除主体的主观性。尽管评价的本质属性是主观的,但毕竟是客体的价值反映,这种价值反映是否准确,取决于评价是否客观。因此,评价应具有客观性,体现为主体的价值尺度能否有效地用来度量客体的实际价值。

3. 独立性原则

评价指标体系是一个有机的整体,但各指标之间应相互独立,不应存在相互包含或交叉关系及大同小异的现象,这样不仅可以使指标体系比较简明,而且可以避免一些重复的计算。

4. 可行性原则

评价指标体系的建立应考虑现实操作的可行性。指标体系不应过于复杂烦琐,应简洁明了地反映评价客体的主要特征和价值。选取的指标简单易懂,应具有可测性和可比性,可以直接度量或通过一定的量化方法间接度量,以避免或减少主观判断。另外,计算方法不应过于复杂,应便于实际操作。

5. 动态性原则

乡村景观具有明显动态特征的过程,可持续发展需要通过时间尺度才能得到反映,因而指标的选取不仅要客观地反映一个区域的现状,而且应充分考虑动态变化的特点。指标的标志值不都是固定不变的,一些是随着不同发展时期呈动态变化的,这样可以更加灵活和准确地反映不同时期变化发展的特点。

(二)乡村景观 AVC 综合评价的步骤与方法

1. 评价步骤

乡村观 AVC 综合评价分为三个步骤。

(1)准备阶段

这一阶段又可以理解为资料的收集和整理阶段。资料包括航片、地形图、土地利用现状图、规切图,以及社会、经济、人文等统计数据。资料的收集以现有的图片、文字、资料和现场实地调查相结合,做到尽量齐全、准确。

(2)评价阶段

在这一阶段,确定采用的评价方法,建立评价指标体系,确定层次评价指标,建立评价模型(包括确定评价指标和权重),根据评价结果和当地实际情况对评价体系和模型进行修正。

(3) 总结阶段

在这一阶段,编制乡村景观综合评价成果,包括文字和图件两部分。

2. 评价方法

确定评价因素方法很多,常用的有定性分析法、打分法和层次分析法等,每种方法确定都有自身的特点和适用范围。对于乡村景观 AVC 综合评价采用层次分析法,可消除人为干扰,并建立科学的评价指标体系。层次分析法可将复杂问题中的各种因素,通过划分出相互联系的层次,再根据对一定客观现实的判断,就每一层次指标的相对重要性给以定量表示,利用数学方法确定其权重和通过排列结果分析和解决问题。

确定权重的方法有多种,如德尔非(Delphi)法、层次分析(AHP)法和主成分分析法等。乡村景观综合评价指标体系则运用定性与定量综合集成方法来确定权重,即采用德尔非和层次分析法相结合的方法,根据研究区域的特点确定项目层、因素层、指标层的各指标的权重。

(1) 德尔非法

德尔非法也称"专家咨询法"。在 20 世纪 50 年代初,由 Rand Corporation 首创并应用到咨询研究中,之后迅速普及。目前在美国各大咨询机构中占有高达 24.2% 的使用率。该方法首先将评价内容列成含义明确的若干条问题;再由专家在独立的环境下对各种问题做出书面回答;然后将回收的专家意见进行统计归纳,并将统计结果反馈给专家再行修订。经过 3~4 轮类似的反馈过程,最终取得相对统一的意见。德尔非法主要依靠人的经验和综合知识进行评测,具有匿名性、反复性和统计性三大特征,因而能较好地克服主观因素的影响。

(2)层次分析法

层次分析法适用于具有多层次结构的评价指标体系的综合权重的确定。层次分析法是在德尔非法基础上得到的两两指标之间相对重要性的判断方法。层次分析法通过指标的平均化处理形成一个判断矩阵,再对判断矩阵做归一化处理得到每个评价指标的影响力大小。指标值越大,则权重越大,说明重要性程度越高;指标值越小,则权重越小,说明重要性程度越低。层次分析法实际上将专家的思维过程定量化,并且可以通过一致性检验处理专家意见不一致的情况。

(三)乡村景观 AVC 综合评价指标体系框架

根据乡村景观的基本内涵以及乡村景观规划 AVC 理论的构建,采用层次分析法,构建四个层次的乡村景观 AVC 综合评价指标体系,如表 9-1 所示。

表 9-1 乡村景观 AVC 综合评价指标体系

目标层	项目层	因素层	指标层
乡村景观 AVC 综合评价	吸引力	自然田园环境	地貌类型多样性
			绿色覆盖度
			景观多样性
			农地景观面积化
		聚居环境	可达性
			总平面布局
			建筑风格
			基础设施
			绿地率
			清洁度
		乡土文化	历史古迹
			风土民情

续表

目标层	项目层	因素层	指标层
乡村景观AVC综合评价	生命力	经济活力	单位面积产值
			常用耕地面积比例
			投入产出率
			农产品结构
			农产品商品率
			农业机械总动力
		产业结构	产业结构比例
			劳动力就业结构
			第三产业增加值占 GDP 比重
		经济收入	农村经济纯收入
			人均纯收入
			纯收入增长率
	承载力	环境承载力	人口规模
			建设规模
		生态承载力	林木覆盖率
			土壤肥力
			土地退化比例
			水土流失率
			自然灾害发生频率
			单位面积生物量
			大气质量
			水体质量
		文化心理承载力	文化承载力
			心理承载力

(资料来源:陈威,2007)

第一个层次是目标层,即乡村景观 AVC 综合评价指标。

第二个层次是项目层,即乡村景观三力:吸引力、生命力、承载力。

第三个层次是评价因素层,即每一项目层具体由哪些因素决定的。根据乡村景观 AVC 有着各自的表现形式。其中,吸引力主要表现在自然田园环境、聚居环境、乡土文化三个层面;生命力主要表现在经济活力、产业结构、经济收入三个层面;承载力主要表现在环境容量、生态容量、文化心理容量三个层面。

第四个层次是指标层,即每一评价因子通过哪些具体的指标来进行评价。

(四)乡村景观 AVC 综合评价指标的确定

1. 吸引力指标的确定

(1)自然田园环境

第一,地貌类型多样性:指当地的地理特征。该指标通过实地调查获取。

第二,绿色覆盖度:指当地植被和水域的面积比,反映乡村自然性的指标。该指标通过统计资料获取。

第三,景观多样性:是以景观多样性指数来衡量的,反映景观斑块类型的多少及其所占的比例。当景观由单一要素组成,其多样性指数为 0。当景观由两个以上要素组成时,且各斑块类型所占的比例相等时,其景观多样性指数最高。当各斑块类型所占的比例差异增大,则景观多样性指数降低。景观多样性计算公式可以表示为:

$$H = -\sum_{i=1}^{n}(h_{ij}) \times \log_2(h_{ij})$$

在这一公式中,(h_{ij}) 为景观类型 j 所占区域总面积的比率;n 为景观类型的总数。

第四,农地景观面积比:指稻田、菜地、果园和草地等农地景观面积与当地区域面积之比。该指标通过实地调查获取。

(2)聚居环境

第一,可达性:指乡村地区交通便捷程度。该指标通过实地调查获取。

第二,总平面布局:指乡村聚落功能分区以及分布状况。该指标可从实地调查和土地利用现状图获取。

第三,建筑风格:反映当地建筑景观特色指标,该指标通过实地调查获取。

第四,基础设施:指乡村基础设施是否完善,是反映乡村现代化建设的一项重要指标。该指标通过实地调查或当地统计资料获取。

第五,绿地率:乡村聚落内各类绿化用地总面积占该地区总面积的比例。该指标通过实地调查或当地统计资料获取。

第六,清洁度:反映当地固体垃圾的处理程度。该指标通过实地调查获取。

(3)乡土文化

第一,历史古迹:指历史遗留下来的具有很高艺术价值、纪念意义和观赏效果的各类建设遗迹、建筑物和古典名园等。该指标通过实地调查或当地统计资料获取。

第二,风土民情:指当地的民俗和语言,反映乡土文化的重要指标。该指标通过实地调查或当地统计资料获取。

2. 生命力指标的确定

(1)经济活力

第一,单位面积产值:反映区域内经济发达的程度,单位面积产值=总产值/区域总面积。

第二,常用耕地面积比例:指常用耕地面积占区域耕地总面积的比例。常用耕地包括基本农田和可用耕地,是指耕地总资源中专门种植农作物并经常进行耕种、能够正常收获的土地。常用耕地是国家需要重点保护的耕地,是反映我国农业综合生产能力、实现粮食基本自给和保障人民食物安全的一个重要指标。该指标通过实地调查获取。

第三,投入产出率:是反映农业经济效益高低的重要指标,采用按当年农业消耗计算的平均每百元中间消耗提供农业增加值(现价)这一具体指标来衡量。该指标通过实地调查获取。

第四,农产品结构:指不同农产品种类及其比例组成,该指标通过当地统计资料获取。

第五，农产品商品率：指除去自食部分外，作为商品出售的农产品占生产的农产品总数的百分比，反映社会的需求和可接受程度。农产品商品率=(年出售农产品总数/年生产的农产品总数)×100%。

第六，农业机械总动力：指主要用于农、林、牧、副、渔业的各种动力机械的动力总和，包括耕作机械、排灌机械、收获机械、农产品加工机械、运输机械、植保机械、牧业机械、林业机械、渔业机械和其他农业机械，反映农业机械化程度的指标。该指标通过当地统计资料获取。

(2)产业结构

第一，产业结构比例：指当地第一、二、三产业所占的比例。该指标通过当地统计资料获取。

第二，劳动力就业结构：从事第一、二、三产业人员比例，反映农村经济发展过程中，非农产业化进程的一项重要指标。该指标通过当地统计资料获取。

第三，第三产业增加值占 GDP 比重：即第三产业增加值占国内生产总值的比重，可以从一个侧面反映区域经济的发达程度。该指标通过当地统计资料获取。

(3)经济收入

第一，农村经济纯总收入：是指当年"农村经济总收入"中减去"农村经济各项费用"后的收入。纯收入的大小及其占总收入的比重，可以反映经济效益的高低。该指标由当地统计资料获取。

第二，人均纯收入：反映当地居民的富裕程度和生活水平。该指标由当地统计资料获取。

第三，纯收入增长率：指目标年人均纯收入与其上一年人均纯收入相比较增长的幅度。反映人均纯收入的增长潜力。其计算公式为：年收益增长率=目标年人均纯收入/上年人均纯收入×100%。

3. 承载力指标的确定

(1)环境承载力

在不破坏乡村生态环境的前提下，乡村环境所能承受的人口数量或人类活动的水平,包括人口规模、建设规模以及资源开发强度等。

第一,人口规模:乡村地区范围内人口数量总和。该指标通过调查或当地统计资料获取。

第二,建设规模:乡村聚落建设用地大小。该指标通过调查或当地统计资料获取。

(2)生态承载力

第一,林木覆盖率:林地面积占区域内总面积的比例,以反映林地对涵养水源、保持水土、防风固沙、净化空气等起的作用。

第二,土壤肥力:是乡村景观生态破坏影响的基本因素,土壤有机质是反映土壤肥力状况的综合指标。

第三,土地退化比例:区域内土地沙化、盐渍化的总面积占耕地总面积的比例。

第四,水土流失率:水土流失面积与区域总面积的比值。

第五,自然灾害发生频率:年平均自然灾害发生次数,如干旱、洪水、冰雹、大风等。

第六,单位面积生物量:以景观中各类型生物量的平均值来表示。其计算公式可以表示为:

$$B = \frac{\sum_{i=1}^{n} b_i A_i}{A}$$

在这一公式中,B 为区域内平均单位面积的生物量;b_i 为景观类型 i 单位面积的生物量;A_i 为景观类型 i 的面积;A 为区域内总面积。

第七,大气质量:指当地空气中降尘量、飘尘量、能见度、氧气含量和有害有毒成分等的综合反映,可用大气环境质量指数表示。其计算公式可以表示如下:

$$P = \sum_{i=1}^{n} P_i$$

在这一公式中,P 为大气环境质量指数;P_i 为 i 污染物的污染指数;n 为污染物种类数。

第八,水体质量:指当地水质等级、清澈、透明度和色度等的综合反映。该指标通过当地环保监测数据获取。

(3)文化心理承载力

第一,当地文化承载力:指当地文化所能承受外界干扰的能力。该指标通过实地调查获取。

第二,当地居民心理承载力:指居民心理所能承受外来价值和观念干扰的能力。该指标通过实地调查获取。

第三节 乡村景观评价的方法

乡村景观评价需要利用科学的方法进行。由于评价角度的不同,因此评价的方法也不尽相同。

一、栅栏法

栅栏法在英国新城规划中广泛采用,其过程是:先制定各种指标和边界条件,排成一定序列来检查被研究地域的各项用地条件是否过关。此法比较简单,通过"是"与"否"做出判断。

二、权重法

权重法是一种能辨识环境因子权重的高级方法。就是先确定景观指标项的相对权重,再给不同时空分布的景观特征打上等级分,然后将两种分值相乘,从而较全面地描述既定时段与地域的景观客体质量。这是目前景观评价中普遍采用的方法。

三、灰调子法

美国的麦克哈格博士最早把这一方法系统地用于区域规划。它比前两种方法更能表达景观特征的细微变化,栅栏法只能做出"是"与"否"的判断,而灰调子法实现了生态环境因子的逐项按地域的评价,能用不同灰度来描述各项用地的景观优劣程度,因而更富有客观描述性。

但是,这种方法也有缺陷,即选择环境特征因子根据的是主观判断。例如,20%坡度的某一种质地土壤排水性能较佳的话,同时同坡度另外一种质地土壤的排水性能也可能较理想。这时坡度起主导作用,土质的权重则较小。对缺乏经验的规划师,很容易选择这两者做同权重叠加以显示,从而不能反映实际情况。

四、敏感度法

敏感度是刻画景观特征的一个重要因素,十分敏感的地区往往景观质量较高,但也容易为人侵害。

决定敏感的因素有视频、视距、色彩、相对坡度、坡向、相对高度、内涵文化价值、人为干扰程度、生态稳定性和多样性等。

五、景观单元法

从被研究地域内各种不同物理特征的土地类型入手,通过比较、分析,找出合乎生态规律的景观单元,然后推出其景观局限性和潜力所在。

这种方法偏重生态质量,在较复杂环境中分辨力显得不足。

六、多样数指数法

利用遥感技术和地理信息系统,研究城市区域宏观演变之趋势,并以多样性指数形式表达,称为多样性指数法。

多样数指数法认为区域景观由多样性景观单元构成(通常在1∶50 000左右小比例尺地图或航片上显示),通过研究单元的形状指数(镶嵌单元群的总周长和平均长度),可以反映能量流、物质流的激烈运动对区域景观的分割程度。通过计量景区的多样性指数,可获得景区的稳定程度。

七、景观偏爱模型法

景观偏爱模型法属于环境心理学派的一种评价理论,其原理是通过景观主体(人)和客观的信息反馈进行调节,获得美学价值较高的景观画面。

一般把被研究地域的照片按一定精度网格化,分为近、中、远诸景域,各景域可分成植被、非植被和水域景物,如此产生景域项—景物项—指标项(景物反映在照片上的周长和面积)复合参数,然后通过改变项的特征或数量,以多元回归法求得偏爱值大小,从而获得维持最佳视觉质量的途径。

八、景观区位评定法

景观区位评定法多为游憩观光区采纳,具体可分宏观评价和微观评价两个阶段。

(一)宏观评价

宏观评价的基本原理是:景观客体质量值＝地形类型等级分(考察其奇特协调度)×土地利用模式等级分(考察其与地形的吻合度)。

各景域景观客体质量评定后,即需在某一特定景域的众多游线中选择最优方案,使其在单位距离内拥有高质量的可视景观。确定最佳游线后,还需对客体视觉要素,如尺度、形态、色彩和整体组织逐项评价。

需要强调的是,许多杰出的研究者都认为要素间的相互联系是研究的重点。能够协调好这些要素的系统最引人注目,而比例是最重要的协调手段,特别是在远距离欣赏时。人们从金字塔、希腊艺术珍品及动、植物生理结构上发现了完美的比例 1∶1.618,它是观赏者审美的依据,称为黄金分割。

(二)微观评价

微观评价是以黄金比例为依据,调节画面视觉质量的过程。一般程序包括以下几种。

(1)选择游速,确定视野幅度。
(2)建立画面分析比例框架。
(3)划出各种估测范围界线。
(4)设定框架上敏感节点的记分规则。
(5)计算画面各部分质量值和总体质量值,重新回到第一步,循环校核。

第十章　乡村景观规划建设与管理

乡村景观是人类文化与自然环境高度融合的景观综合体,具有生产、社会、生态、文化和美学功能和谐统一的特点。然而,随着我国城市化和当前社会主义新农村建设的快速推进,乡村景观遭受了前所未有的冲击和破坏,乡村景观功能逐渐丧失,对乡村整体自然环境和人文环境产生较大的负面影响。随着新农村建设不断发展,现阶段乡村景观也正经历一个从传统到现代演变的过程。

第一节　乡村景观规划的审批

根据《中华人民共和国城市规划法》的规定,城市规划实行分级审批,乡村景观规划也不例外。乡村景观规划编制完成后,必须报经上一级人民政府审批。审批后的规划具有法律效力,应严格执行,不得擅自改变,这样才能有效地保证规划的实施。

(1)区域乡村景观规划。区域乡村景观规划是以县域行政区为基本范围进行划定的,其规划由县或自治县、旗、自治旗人民政府报上一级人民政府审批。

跨行政区域的区域乡村景观规划,报有关地区共同的上一级人民政府审批。

(2)乡村景观总体规划。乡村景观总体规划由所在地区的镇(乡)人民代表大会讨论评审,由镇(乡)人民政府报上一级人民政府审批。

(3)乡村景观详细规划。乡村景观详细规划由镇(乡)人民政府规划行政主管部门审批。

第二节　乡村景观规划的实施

乡村景观规划编制的目的是为了实施。规划的实施不仅要有法律、法规做保障，而且还需要具体的机构负责实施。

一、政策法规

目前，中国实行的村镇规划的一套规范和技术标准体系，涉及乡村景观层面的内容非常有限。乡村景观规划研究还处于起步阶段，面对目前发展中出现的问题，不是村镇规划所能涵盖和解决的。即使2003年建设部标准定额司开始对包括《村镇体系规划》《村镇绿地分类标准》《村镇绿地规划规范》和《村镇环境保护规划》等14项村镇规划、建设标准规范进行征集编制工作，这的确在一定程度上弥补了原来村镇规划标准体系在景观层面的不足，但是仍然不能涵盖乡村景观的全部。

国外一些关于景观的法律法规值得中国借鉴和参考。例如，法国就先后制定了几部关于景观的法律法规。1913年制定了《关于历史名胜的保护法》。1930年制定的《自然景观和景物保护法》就有这样的规定：凡在保护区内，哪怕是很小的保护范围内，景观都受到了极大的重视，破坏景观将受到惩罚。1993年公布了第一部有关景观的专门法律《开发和保护景观法》，对于一些具体问题，诸如如何开发村庄中的围篱、小溪，如何植树等，都能用某一条适用的法律条款进行解决。关于景观的保护，该法律强调了要有选择性地保护那些有层次和系列视角的典型类目。1994年颁布的《景观法》是一部现实的、强调实效性的法律，对景观的保护有着积极作用。1995年颁布的《加强环境保护法》中有关景观的条款也非常重视实效性，如其中有两条规定。

第一条，禁止在下列情况下建人造景观。

(1)公路轴线两旁的75米或100米以内。

(2)城市规划区外。

(3)没有真正的治理方案。

第二条,如需要安装设施或改换招牌,要事先向市长或省长呈交报告。

法国环境部拟定的《景观合同》是以土地管理契约规定为主要内容,鼓励各个方面的合作者就景观的效益和开发达成协议。这是一部涉及公有部门和私人之间的合同。在总体规划框架下,合同要由农耕者自愿经营开发,如在私营的土地上栽种树木、草坪、建造梯田等。《景观合同》在法国的实施获得了极大的成功。

因此,在中国乡村景观规划发展之初,应加快规划成果的法制化,制定有关乡村景观的规划标准、编制办法、审批制度,以及景观管理与监督等相关的法律和法规,作为规划实施、管理和监督中执行的标准。乡村景观规划只有具备了法律效力才能走上正确的发展轨道,才能推动乡村景观健康、持续地发展。这对今后的乡村景观规划与建设,以及目前乡村景观混乱局面的治理与改善都具有现实意义。当然,这些法规和政策不可能孤立的出现和存在,必须考虑与现行的村镇规划一系列法规和技术标准的衔接问题,明确它们之间的关系,这样才更具有现实性和可操作性。

二、实施机构

各级政府应该建立相应的管理机构,为乡村景观规划的实施提供组织上的保证。目前中国村镇规划建设由建设部全面负责,各省(自治区)村镇规划主管机构为建设厅(或建设委员会)内设的村镇规划处,主要职能是制定省域村镇规划管理政策、村镇发展方针,组织编制和实施省域村镇体系规划等,而村镇规划建设则由各县建设局内设的规划建设管理处具体负责实施。

目前村镇规划实施起来问题很多,解决起来并不容易。究其原因,村镇规划建设并不是一个建设部门就能推动和解决的,必须依靠不同部门的联合才能切实解决。例如,拆村并点涉及土地调整问题,由原来的耕地转为建设用地,土地部门一定要有相应的政策,如果政策没跟上,尽管农民建房建在规划范围内,但有可能在他人的承包地里,就会引发一系列问题。因此,建设部门提出村镇该如何规划建设,而其他部门的政策不配套,根本就无法实施,一切都是空话。如果与城市规划一样,乡村景观规划建设由省市政府统一牵头,协调各个部门,这样实施才是最有力度的,但是从目前的管理职能上是不可能的。

国外乡村景观规划的管理机构有官方的也有民间的。例如,德国和英国对于乡村景观规划设计的要求是完全一样的,如生态性、文化性和美观性,但是在管理机构上却是截然不同的。德国是以官方为主导,如农业部、环境与生态保护部、空间规划部。英国则由地方团体或企业支持,是以居民为主导的景观规划,如英国的国家信托协会(National Trust)为民间团体,主要为居民参与的环境保护组织;英国的农村委员会(Countryside Commission)也是民间团体,主要是推动村庄田园景观的保护。

从中国的体制来看,采用以政府行政主管机构为主导的管理体制比较适合国情。乡村景观规划与建设同样需要很多部门合力推进,而不是哪一个部门分别从哪一个角度去解决。因此,建设部门要联合土地、农业、林业、水利、民政、财政以及政策研究的部门成立一个总领乡村景观工作的机构,协调各个部门之间的利益,形成一个综合的政策,由县(镇)的规划管理机构负责乡村景观规划的具体实施,这样才能有效地避免规划实施过程中出现的各种问题。

三、资金扶持

乡村景观规划的实施需要资金的支持。

(一)政府扶持资金

大力整合土地整治整村推进、乡村综合开发、危房改造和乡村清洁工程等相关涉农项目资金,集中建设中心村,兼顾治理自然村。积极申请技术创新引导专项基金,积极探索畜禽养殖安全、粮食丰产提质增效、农业面源污染、食品加工储运、重大共性关键技术(产品)开发及应用示范等现代农业发展科技创新课题,争取国家技术创新引导专项基金。

(二)农业金融

建立市场化的风险转移机制,合理利用农业金融形式。完善农业信贷政策和农业保险政策,按照"谁投资,谁经营,谁受益"的原则,建立"1+N"多元化融资渠道,政府投资为基础,带动引入多主体、多渠道、多层级的多元化融资渠道和手段,建立独特的农业保险体系和投融资体系。

(1)建立现代金融服务体系,设立金融服务窗口;加快农村支付基础设施建设,推广银行卡等非现金支付工具;加快发展村镇银行试点等新型农业机构;规范发展小额贷款公司、融资性担保公司、典当行等具有金融服务功能的机构,积极推广联保贷款、存单质押、小额信用贷款等农业信贷形式;设立产业投资基金及研究中心,探索设立对外合资产业基金管理公司等。例如,四川三台农村综合改革试验区规划中,推广建设农村金融服务店,扩大抵(质)押物范围,支持金融机构开发符合"三农"特点的金融产品和服务,开展土地经营权、宅基地使用权、集体林权和农业设施、小型水利设施抵押贷款试点。

(2)建立乡村保险服务体系,全面开展政策性农业保险,积极拓展乡村商业保险业务,稳步推进涉农保险向大宗农产品覆盖。

(三)投融资渠道

建立多元化融资渠道,主要包括:财政补贴,如争取生态建设、水利路网基础设施建设等财政补贴;企业投资,吸引具有先进管理理念和稳定的资金流的企业进行投资;银行合作贷款,通过政府担保向金融机构申请小额贷款,专款专用,专项管理;农户自筹资金。

实行 PPP 共建：政府与社会主体建立"利益共享、风险共担、全程合作"的共同体关系，政府的财政负担减轻，社会主体的投资风险减小。对于供水、电力通讯、农田水利等经营性项目的投资，充分放权，建立特许经营、投资补助等多种形式，按照谁投资、谁受益的原则，鼓励和吸纳广泛的社会资金参与投资。

四、信息化保障

要想实现乡村景观的合理规划，还离不开信息技术的辅助，具体而言可以从如下几点着手。

（一）信息化基础设施建设

加强与地方通讯部门沟通协调与战略合作，依据各地实际情况，稳步推进农村信息化基础设施建设，加快乡村特别是中心村光纤、4G 网络建设，最大限度提高乡村光网覆盖率，升级网络速度，为下一步乡村地区搭建"互联网＋"平台、开发智能化的物联农业奠定基础。

（二）乡村信息化商务

各地区要充分利用本省区现有的乡村综合信息化服务平台，搭建市县一级的农村信息服务平台，实现市县层面全覆盖，有条件的乡镇、村庄可以建设自己的镇村级农业信息服务平台。市县政府应在乡村综合信息服务站建设上给予政策和资金支持，定期组织企业、种养大户、专业合作社、村干部以及村民进行对外宣传、信息发布、投资合作等方面的培训。

大力开发 EPC 协同通信、商旅通、农事通等多种形式的信息化工具，为企业、种养大户、专业合作社、村干部以及村民提供便捷的信息共享平台。鼓励农民参与电商营销，丰富销售渠道形式，提升抗风险能力。例如，中国移动开通了农信通业务；浙江省于 2005 年启动建设农民信箱；鞍山市农委联合鞍山联通于 2006

年推出了"金农通"惠农工程;济南市农业局联合济南移动于2010年启动了农事通短信平台;湖南省国家农村农业信息化示范省综合服务平台于2013年6月上线运行等,均加快了乡村信息化商务的发展。

(三)乡村信息化防控建设

美丽乡村既要美丽,更要安全。要稳步推进乡村地区信息化技防设施建设,推进网格化监管,在村委会、重要交通关口、乡村旅游景点、重点园区重点企业周边、重要水利设施等处设置视频监控,统一接入视频监控平台。在移动客户端开发操作简便的应急系统流程,加大乡村对信息化技防设施的应用培训,打造"技防进万家"的安防体系,为平安乡村提供安全技术保障。

五、技术支持

(一)3S技术

3S技术即遥感(RS)技术、地理信息系统(GIS)技术和全球定位系统(GPS)技术,已经广泛应用于众多领域,它们在国土整治、资源开发与管理、土地利用、自然保护、城乡建设和旅游发展等领域发挥着越来越大的作用。3S技术也成为现代景观科学研究中的重要技术工具,尤其在景观生态规划研究领域。在大的空间尺度上,研究数据的获得多是通过遥感技术来获取的。地理信息系统主要用来收集、存贮、提取分析和显示空间信息,应用于景观格局分析和过程模拟。全球定位系统解决了景观单元具体坐标这一难题。随着3S技术的不断发展,它们在乡村景观格局分析、动态演变模型建立和规划中的作用也越来越重要,成为乡村景观规划必不可少的方法和手段。

1. 遥感技术

遥感(Remote Sensing,RS)是一种以物理手段、数学方法和

第十章 乡村景观规划建设与管理

地学分析为基础的综合性应用技术,具有宏观、综合、动态和快速的特点。

广义上讲,遥感是指通过任何不接触被观测物体的手段来获取信息的过程和方法,包括卫星影像(航天遥感)、空中摄影(航空遥感)、雷达以及用数字照相机或普通照相机摄制的图像。目前,高分辨率商业遥感卫星图像已用于制图、建筑、采矿、林业、农业、城乡规划、土地利用、资源管理、环境监测、新闻报道、地理信息服务和军事等诸多领域。

遥感技术的不断发展和广泛应用,引起了景观专业观念的更新和方法手段的变革。从景观信息模拟计量到景观分析、评价、规划及管理信息系统的建立,从国土区域景观资源普查到风景名胜区规划设计,从景观基础资料调查到分析评价,不论是理论研究还是工程实践,遥感技术都为现代景观规划方法技术提供了一个更为广阔的天地。

遥感技术与景观规划研究中的其他方法相比,具有以下特点。

(1)大大减少了实地调查进行数据采集的工作量,而且可以获取人们无法到达地区的数据,并大大缩短了调查所需的时间。

(2)观测过程是从空中完成对地物的识别,可以避免实地调查中人为的干扰,并可根据需要进行重复性观察。

(3)能够为使用者提供不同时间、不同分辨率和不同尺度的影像资料,是大尺度景观资源信息获取的主要手段,也是景观格局动态变化的有效监测手段。

(4)遥感数据一般为空间数据,通过软件解译,为地理信息系统提供大量的数据,是地理信息系统重要的数据源。遥感技术与地理信息系统技术的有机结合,大大强化了遥感技术的应用和推广。

遥感技术在景观规划中的应用可归纳为三类。

(1)景观资源普查,包括地质地貌调查、土地资源调查、水资源调查、植被资源调查以及海洋资源调查等。

(2)景观资源分类,一般在遥感影像分析过程中,景观类型可以分为 9 大类(一级)和 36 小类(二级)(表 10-1),第一级分类适用于一些分辨率相对较低的遥感影像资料,而第二级分类一般适用于大比例的航空像片和较高分辨率的卫星遥感影像,通过对不同时期遥感影像的景观分类制图和比较,可以研究景观空间格局的动态变化过程,这已成为景观科学研究中比较有效的实用工具。

表 10-1 适用于遥感资料的景观分类系统

第一级	第二级
1. 城市或居住地景观	11 居住地
	12 商业服务区
	13 工业区
	14 交通、通信和公共设施
	15 工商混合区
	16 各类城市或建成区
	17 其他
2. 农业景观	21 农田
	22 果园、幼树林、苗圃、园艺林
	23 饲养场
	24 其他农业用地
3. 草地景观	31 人工草地
	32 天然草地
	33 灌木景观
	34 混合草地
4. 林地景观	41 阔叶林地
	42 常绿阔叶林
	43 针叶林
	44 混交林

续表

第一级	第二级
5. 荒漠景观	51 盐地
	52 沙滩
	53 非水滨沙地
	54 裸露岩石
	55 开采场
	56 过渡区
	57 混合荒漠区
6. 水体	61 河流
	62 湖泊
	63 人工水库
	64 海湾和河口
7. 苔原景观	71 灌木苔原
	72 草木苔原
8. 湿地景观	81 有树湿地景观
	82 无树湿地景观
9. 永久性冰面覆盖	91 常年覆盖
	92 冰川

(资料来源：陈威,2007)

(3)景观资源评价,遥感影像资料通过计算机处理,使景观特征定量化,有利于景观评价,为规划提供依据。遥感技术已经成为景观资源普查、景观资源分类和景观资源评价等工作必要的技术手段。

目前,在景观生态学研究领域,景观生态学家主要利用遥感技术中的航片判读,制作专题地图,或建立遥感技术景观生态评价模型。遥感技术对土地覆盖、土地利用的研究已达到很精细的程度,对植被变化和作物估产的研究也趋于成熟。

遥感技术为景观生态学提供的常用信息包括:植被类型及其分布,土地利用类型及其面积,生物量分布,土壤类型及其水分特征,群落蒸腾量,叶面积指数以及叶绿素含量等。

遥感技术在景观生态学中的应用包括如下。

(1)植被和土地利用分类。

(2)生态系统和景观特征的定量化,包括不同尺度上斑块的空间格局,植被的结构特征、生物量、干扰的范围、严重程度及频率;生态系统中生理过程的特征(光合作用、蒸发蒸腾作用,水分含量等)。

(3)景观动态以及生态系统管理方面的研究,包括土地利用在时空上的变化,植被动态(包括群落演替),景观对人为干扰和全球气候变化的反应。

2. 地理信息系统

地理信息系统(Geographic Information System,GIS)是一种管理与分析空间数据的计算机系统,其基本功能包括图形数字输入、查找和更新数据,分析地理数据以及输出可读数据。其中分析功能是核心,它包括叠加处理、邻区比较、网络分析和测量统计。根据不同需求建立应用分析模型更是地理信息系统应用研究的热点。随着计算机软、硬件技术的快速发展,地理信息系统技术领域更是融入了科学计算、海量数据、大规模存储、宽带网络、系统互操作、数据共享、卫星影像处理和虚拟现实等新理论和高技术。目前世界上常用的地理信息系统软件多达 400 多种,其中国外较著名的有 Arc/Info、ArcView、CENAMAP 和 MGE 等;国内较著名的有 MAPGIS(数字电子制图技术体系)、GeoStar 和 CITYSTAR 等。地理信息系统已经成功地被应用到城市规划、环保、土地、林业、农业、水利、能源、交通、旅游、电信和军事等 100 多个领域,并朝着社会化和大众化方向快速发展。

地理信息系统为研究景观空间结构和动态,尤其是物理、生物和各种人类活动过程相互之间的复杂关系,提供了一个极为有效的工具。因此,地理信息系统在景观规划与评价领域也得到了广泛的应用,具体表现在以下几个方面。

(1) 景观规划理论与地理信息系统

从某种角度甚至可以说,地理信息系统技术的发展和环境与景观规划设计领域的实践是相互促进的。例如,麦克哈格(McHarg)于20世纪60年代中期提出的"土地适应性分析模型",成为后来环境与景观规划设计中应用十分广泛的一种理论和方法。其理论中所采用的图层重叠系统分析方法——千层饼模式与地理信息系统通过空间数据建立主题图层,并利用空间分析功能得出相关结论的理念几乎完全一致。再如,菲利普·路易斯(Philip H. Lewis)早在20世纪50年代中期就提出了"环境廊道"概念。其核心就是对一些敏感环境构成进行确认,并建立起一套图纸及资源目录档案,以便对那些区域实施必要的保护,使其免遭未来开发的不利影响。该理论中整个环境廊道由四个变量来定义:地上水、湿地、陡坡及其他(森林、野生动物栖息、联邦政府所辖的公园、公/私保护地、冲积平原、草原等)。利用地理信息系统分别建立水体层、湿地层和陡坡层,这三个主题层分别建立了用于创建环境廊道的基本对象要素图形。把三个主题层叠加到一起,重叠部分就构成了特征多样并且鲜明的线形环境廊道。

(2) 城市景观规划与地理信息系统

1971年,美国已开始研制基于地理信息系统技术的城市景观规划模型METLAND,该模型在自然景观资源管理、土地利用规划、景观规划与评价、生态和公众参与等方面得到成功应用。

(3) 景观生态学与地理信息系统

地理信息系统在景观生态学中的应用已经非常广泛。它的用途主要包括:分析景观空间格局及其变化;确定不同环境和生物学特征在空间上的相关性;确定斑块大小、形状、毗邻性和连接度;分析景观中能量、物质和生物流的方向和通量;景观变量的图像输出以及与模拟模型结合在一起的使用。

(4) 景观虚拟与三维地理信息系统(3DGIS)

传统的地理信息系统都是二维的,随着技术的提高,三维建模和三维地理信息系统迅速发展。当前的三维地理信息系统主要有以下几种。

第一，DEM地形数据和地面正射影像纹理叠加在一起，形成三维的虚拟地形景观模型。有些系统可能还能够将矢量图形数据叠加进去。这种系统除了具有较强的可视化功能以外，通常还具有DEM的分析功能，如坡度分析、坡向分析和可视域分析等。它还可以将DEM与二维地理信息系统进行联合分析。

第二，在虚拟地形景观模型之上，将地面建筑物竖起来，形成城市三维地理信息系统。对房屋的处理有三种模式：一是每幢房屋一个高度，形状也做了简化，形如盒状，墙面纹理四周都采用一个缺省纹理；二是房屋形状是通过数字摄影测量实测的，或是通过CAD模型导入的。形状与真实物体一致，具有复杂造型，但墙面纹理可能做了简化，一栋房屋采用一种缺省纹理；三是在复杂造型的基础上附上真实纹理，形成虚拟现实景观模型。但它还是属于2.5维表面模型。

3. 全球定位系统

全球定位系统（Global Positioning System，GPS）是美国研制的导航、授时和定位系统，主要用于某个点的空间定位（包括纬度、经度和海拔高度）。对于大尺度，用传统的罗盘或地标物方法对景观单元进行具体的空间定位是非常困难的，而全球定位系统却能方便、精确地解决这一问题。全球定位系统最初是为军用目的发展起来的，目前已广泛应用于土地勘测、森林火灾、病虫害监测、导航、交通、通信、建筑和制图等诸多领域，并为遥感技术、地理信息系统提供重要的数据源，如遥感技术的图像处理，利用全球定位系统得到定位信息，做图像校正。

全球定位系统技术对景观生态学研究有重要的推动作用，其应用主要集中在以下几方面：监测动物活动行踪、生境图、植被图及其他资源图的制作，航空照片和卫星遥感图像的定位和地面校正，以及环境监测等方面。

4. 3S集成系统

其实,3S技术在应用过程中并不是完全独立的,而是相互作用、取长补短、综合3S技术使用的。遥感技术、地理信息系统、全球定位系统三者的集成化即所谓的3S集成系统,是当前研究的热点。

在3S集成系统中,遥感技术是获取空间信息的重要方式,提供研究范围的遥感图像信息;全球定位系统技术是空间信息定位的框架,提供研究范围内特征物的定位信息;地理信息系统技术是表达、集成和分析信息的先进手段,对遥感技术、全球定位系统及其他来源的信息进行管理、分析处理和显示。因此,可以将地理信息系统看作中枢神经,遥感技术看作传感器,全球定位系统看作定位器。

3S集成系统为景观规划设计提供直接的数据服务,可以快速地追踪、观测、分析和模拟被观测对象的动态变化,并可高精度地定量描述这种变化。

3S集成系统作为一种综合有效的方法和手段,在乡村景观规划领域发挥着越来越重要的作用。

(1)全球定位系统用于乡村景观规划设计中的工程定位。利用全球定位系统对采集的乡村景观信息进行空间定位,准确把握乡村景观变化区域的位置。同时,全球定位系统数据遥感信息也是一个必要的、有益的补充,可为地理信息系统及时采集数据,更新和修正数据。

(2)遥感技术为乡村景观规划设计获取景观平面现状资料。利用遥感技术获取乡村聚落、农田、道路、水系和植被等景观资源的数据,为乡村景观规划提供丰富的信息。通过遥感图像,掌握景观资源空间变异的大量时空变化信息,可分析乡村景观的形态特征、空间格局和动态变化等。

(3)地理信息系统为乡村景观规划设计存储、分析数据、方案决策和模拟。利用地理信息系统建立乡村景观空间信息系统,包括自然条件(土壤、地形、地貌、水分等条件)、乡村聚落用地规模管理、农田土地管理、水系、道路和自然植被的空间分布等空间数据库,为乡村景观规划设计提供翔实的资料。

第一,借助地理信息系统强大的空间分析能力,可进行乡村景观适应性评价、斑块规划平衡分析、规划技术指标分析、规划廊道网分析和规划方案评价等专题分析。

第二,运用地理信息系统强大的管理和分析功能,计算乡村聚落和农田规模以及环境容量,进行有关乡村景观规划设计的各项技术经济指标和生态指标分析,辅助乡村景观规划设计。

第三,基于地理信息系统数据进行乡村景观可视化,辅助进行形象思维和空间造型,由此对规划设计做出正确评价和筛选。

第四,借助地理信息系统实现乡村景观格局变化的动态监测和模拟分析,为分析乡村景观资源有效利用状况提供专业分析模型,并为乡村景观规划、建设和管理提供辅助决策支持。

(二)景观可视化技术

从人类认知的角度出发,可视化技术是人类认知的基本手段。可视化的基本含义是将科学计算中产生的大量非直观的、抽象的或者不可见的数据,借助计算机图形学和图像处理等技术,用几何图形和色彩、纹理、透明度、对比度和动画技术等手段,以图形或图像信息的形式直观、形象地表达出来,并进行交互处理。对于工程设计尤其是对建筑、城市规划和景观规划来说,可视化技术的发展经历了三大主要阶段:传统可视化、现代可视化、虚拟现实。其前提是基于计算机软、硬件技术的迅猛发展。

1. 传统可视化

实际上,可视化并不是一个全新的现代概念,人类很早就采用了形象而直观的方法,如通过模型、绘图和绘画来描述数据之间的关系,人们因此更加容易观察、研究事物或现象的本质,这在建筑和规划设计领域尤为突出。例如,"兆域图"是从战国时代中山国王墓群中出土的一件铜制文物,厚约 1cm,面积 98cm×48cm,其一面用金银镶错国王、王后陵墓所在地区——兆域的平面图,并附有名称、尺寸和说明地形位置的文字。据研究,该图大体上是依据一定比例绘制的,可以说是中国现存最早的建筑总平面图。在中国隋代,建筑设计中已采用图纸与模型相结合的方法,如宇文恺用 1:100 比例尺制"明堂"图,并做模型(木样)送朝廷审议。这种利用比例关系绘制建筑图和制作实体模型的方法,在中国建筑史上是一大创举。

英国最著名的园艺师亨弗利·雷普顿(Humphry Repton)在造园中还发明了所谓的"Slide 法"。这是一种叠合图法,即将经改造后的风景图与现状图贴在一起。这种对比方法在当今景观规划设计领域被普遍采用,并作为规划设计和评价过程中不可缺少的部分。

即使在当今计算机普及的时代,在建筑和规划设计领域,传统可视化(手绘)仍然是设计前期普遍采用的一种方法。设计师在进行设计构思的时候,常常借助手绘草图、模型等手段来表达设计概念或想法,从直观的视觉效果中不断完善设计方案。虽然这种传统的可视化手段存在很多的局限性,带有太多人为因素,不能再现真实效果,但是作为快速、便捷、直观和有效的可视化方法,仍然被广大的专业设计人员所采用。

2. 现代可视化

1951 年 6 月 14 日,Unisys 公司推出了第一台商用 UNI-VAC-1 计算机,标志着计算机进入了一个崭新的、商业应用的时代。虽然可视化不是什么新鲜事物,但由于计算机生成和处理大量数据能力的不断提高,增强了对可视化的需求。现代可视化技术经历了从二维到三维、从静态到动态的发展过程。

(1)二维可视化

由于早期计算机处理能力的限制。科学家只能用平面上的"等值线图""剖面图""直方图"及各种图表来综合数据,这就是现代"可视化"的开始。它将枯燥的数据以图形这种比较直观的形式表现出来,使人们可以快速准确地把握繁杂数据背后所隐藏的规律。对于工程设计来说,计算机可视化技术使设计人员从丁字尺、三角板、圆规和模板中解放出来,各种工程图(二维)可以通过相应的开发软件在计算机上进行绘制、显示和输出,极大地提高了工作效率。

(2)三维静态可视化

人们通常所讲的可视化是指三维数据的可视化,它是20世纪70年代中期伴随着影像技术的产生而发展起来的。作为真正意义上的高新技术的可视化方法,始于20世纪80年代。1987年由麦考密克(McCormick)等人正式提出了"科学计算可视化"这一全新的概念,后来又被简称为"科学可视化",甚至干脆称为"可视化"。

科学计算可视化一经提出,很快就在计算机图形学的基础上发展成为一门新兴的学科。科学可视化不同于传统意义上的可视化,尽管有关"科学可视化"的定义很多,但是基本上都包含了两层含义:一是可视化将抽象的符号信息(数据)转换为视觉信息(图像);二是可视化提供了一种发现不可见信息的方法。科学可视化技术彻底地改变了人们的工作方式。

科学可视化技术给建筑、城市规划和景观专业带来了历史性的变革,深刻地改变了专业人员的设计观念。目前,三维可视化技术(如三维效果图)已经完全应用于建筑、城市规划和景观设计中,成为设计中必不可少的辅助设计手段。它不仅形象直观,而且便于开发商、设计人员以及决策者之间的交流和沟通。

(3)三维动态可视化

科学可视化的另一项主要应用是动画技术。三维动画技术又称为"三维预渲染回放技术",事实上是由一组连续的静态图像(画面)按照人为指定的物体的运动路径所组成的图像或图形序列。三维动画技术广泛应用于影视、广告、建筑、城市规划、景观、房地产、航天和气象等行业。

第十章 乡村景观规划建设与管理

与三维静态可视化相比,三维动画技术在景观规划设计中的优点在于:一是可以考察设计方案的整体效果以及对环境的影响、论证方案的合理性,并提出修改意见;二是模拟人穿行在设计方案中,考察景观细部、比例以及各景观要素的配置,以人的视觉效果感知空间设计的合理性;三是利用三维动画软件中丰富、逼真的材料和质感,模拟设计方案中的最佳视觉效果。

但三维动画技术也有其不足之处,在 CAD 和 3DS/3DMax 中进行三维设计时要求使用者具备专业级计算机造型能力,生成的三维动画文件对用户来说是一种传教式的、被动的缺乏交流的灌输,而不能由用户控制来观看,如放大、缩小、漫游和旋转等。

3. 虚拟现实

虚拟现实(Virtual Reality,VR)是 20 世纪 90 年代与科学可视化一起从图形学方向派生出的两大新的研究领域,它们之间存在着必然的联系。可视化技术的需求促进了虚拟现实技术的发展,虚拟现实技术可使科学计算高度可视。建筑、城市规划和景观规划设计一直是对全新的可视化技术需求最为迫切的领域,虚拟现实技术能有效地弥补三维可视化在人机实时交互等方面的不足,因此虚拟现实技术一经出现就被广泛应用于建筑、城市规划和景观规划设计领域的各个方面。

1965 年,有"计算机图形学奠基者"之称的伊凡·苏泽兰(Ivan Sutherland)在 IFP 会议上提交的名为《终极的显示》的论文,首次提出了包括具有交互图形显示、力反馈设备以及声音提示的虚拟现实的基本思想。1989 年,美国 VPL Research 公司的创建人之一拉尼尔(Jaron Lanier)正式提出了"虚拟现实"一词。

虚拟现实是一种基于可计算信息的沉浸式交互环境。具体地说,就是采用以计算机技术为核心的现代高科技生成逼真的视、听、触觉一体化的特定范围的虚拟环境,用户借助必要的设备以自然的方式与虚拟环境中的对象进行交互作用、相互影响,从而产生亲临等同真实环境的感受和体验。

布尔代亚(Burdea)在《虚拟现实技术》一书中指出虚拟现实具有"3I"的基本特征。

(1)Immersion(沉浸感)。在计算机生成的虚拟世界里,用户通过视觉、听觉、力觉和触觉自然地与之交互,具有与在现实世界中一样的感觉,沉浸感是虚拟现实的首要特征。

(2)Interaction(交互性)。虚拟现实与三维动画的区别在于它不是一个静态的世界,用户不再是被动地接受计算机所给予的信息,而是通过交互设备来操纵虚拟世界或被其影响。

(3)Imagination(构想性)。用户在沉浸于虚拟世界的同时获取新的知识,提高感性和理性认识,从而深化概念和萌发新意,启发人的创造性思维。

根据用户参与形式和沉浸程度的不同,可以把各种类型的虚拟现实技术划分为以下四种类型:(1)桌面虚拟现实系统;(2)沉浸虚拟现实系统;(3)增强虚拟现实系统;(4)分布式虚拟现实系统。

目前,虚拟现实技术在城市和景观规划领域中应用非常广泛。传统方法中,人们对历史环境和景观的理解仅局限在静态的图像和文字层面,而虚拟现实技术从根本上改变了人们对历史环境和景观的理解,通过实时的人机交互,人们可以任意漫游于虚拟的历史环境中,重新找回失去的感觉和体验。

六、人才保障

人才是乡村景观规划成功的一大保障,因此人才在其中发挥着不可磨灭的作用。

(一)人才引进

首先,要积极吸引本地优秀人才回乡干事创业。建立回乡创业园区,为有知识技术、有资金的创业人员搭建干事、创业、服务的平台。政府为回乡创业人员在资金扶持、技能培训、产业推介、科技示范等方面提供相应优惠政策。

其次,要加大精准引智与柔性引智力度。各地区经济社会发展阶段不同,产业发展特色也不一样,要根据各地区实际情况,以产业需要为依据,围绕乡村景观规划需要的种植业、养殖业、林业、花卉苗木产业、农产品加工业、乡村旅游业各个生产环节,有针对性地引进工艺流程和生产管理方面的专业技术重高端人才的引进,特别是针对专家院士等高端人才,可以通过项目合作、资源成功共享的方式,持续柔性引进。

(二)农业人才培育

通过培育新型主体,带动企业培养人才,开展"公司＋合作社＋家庭农场＋种养大户"的合作模式,鼓励有条件的龙头企业,推动集群发展,积极鼓励、引进和扶持各类农业开发企业通过公司建园、土地流转等方式,建设产业基地、扩大生产规模、延伸产业链,重点扶持企业建基地、打品牌、占市场,提高全市产业化发展水平,培养产业化人才。围绕全市大宗农产品销售,采取以奖代补的形式,扶持市场渠道广、销售数量大、带动能力强的农产品流通经纪人和流通大户进一步做大、做强,畅通农产品流通渠道;开展"科研院所＋龙头企业＋合作社/大户"的合作模式,将科研成果在企业内推广转化,以农业龙头企业带动核心区农业的科技创新,龙头企业通过"订单"等形式与农户建立稳定的利益联结机制,带动农业增效,农民增收;开展"旅游公司/旅行社＋园区＋合作社＋农户"的合作模式,利用农业景观资源和农业生产条件,从事农业观光休闲旅游活动和乡村景观休闲游,根据市场需求制订组合产品、旅游线路行程,促销产品、传递信息,宣传旅游产品。同时,还要不断地组织协调,安排客源;实地接待,提供服务,提供乡村旅游从业人员服务意识。

(三)现代职业农民培训

根据不同层次和不同产业,按照专业化、技能化、标准化的要求确定培训内容,主要有四大类。

(1)以提高种植技术水平而设置,主要包括各类农业新品种、新技术、新装备的应用能力等。

(2)以增强市场意识和销售能力而设置,包括农产品营销、农产品经纪人等。

(3)以提高生产管理水平而设置,包括农业企业管理、农产品质量安全控制等。

(4)以激发青年农民创业而设置,主要包括现代农业发展趋势、各项惠农支农政策、农村政策法规、农村金融等。

坚持"就地就近,进村办班"的培训原则,以当地学校或农民培训教室为教学地点实施培训。

第三节 乡村景观规划的管理

在社会经济高速发展的今天,焕然一新的生活环境与生活质量的提高,也使乡村居民在认识和观念上都有不同程度的提高和转变,同时对于人居环境提出了更高的要求。因此,加强乡村景观规划的管理是非常必要的。

一、中国乡村景观规划与管理现状

(一)乡村景观规划管理成就

随着新农村建设的持续推进与乡村经济的快速发展,我国乡村景观规划管理呈现出一些新的特征。

首先,乡村人居环境意识逐步增强。村民对于景观的认识有所转变和提高,对景观的舒适性和观赏性产生更高的需求。其次,乡村景观规划设计水平不断提高,充分体现在科学规划的布局,设计与质量的标准化,绿化景观与农宅的合理分布(图10-1和图10-2)。再次,相关职能部门的调控和主导作用不断增强。政府采取措施不断加大对乡村各项事业的投入。与村民生产生活

第十章 乡村景观规划建设与管理

密切相关的道路、供水、通信、排污等基础设施得到进一步完善，村庄休闲娱乐设施、绿化(图10-3)等景观要素逐渐集聚，农业景观(图10-4)的保护和开发逐渐得到重视，在新建、重建住宅和公共用地的规划和管理上实行较之以往更为严格的控制和相应的指导。这些措施在一定程度上改善了村民的居住环境，使村容村貌得到一定的改观。

图 10-1 新农村建设新貌(1)
(资料来源：黄斌，2012)

图 10-2 新农村建设新貌(2)
(资料来源：黄斌，2012)

随着科、教、文、卫等一系列设施的建成，很大程度上改善了村民的生产与生活,大大加快了乡村精神文明建设,美化了生活环境,使村容村貌有了很大的改善。这一切对于乡村景观规划建设的兴起和发展起到不可低估的作用。

图 10-3　闽南乡村绿化景观

(资料来源:黄斌,2012)

图 10-4　闽南乡村农业景观

(资料来源:黄斌,2012)

(二)乡村景观规划管理现状

新农村建设在闽南乡村蓬勃兴起的同时,也暴露出了不少的问题。城镇化扩张步伐的不断加快,城镇人口的激增,导致城市不断向乡村延伸,大量农村用地被征用为城市建设用地,新的集镇不断出现,传统的乡村景观格局受到很大冲击。

1. 景观保护意识不足

随着农村经济的发展与城市生活方式的渗透,富裕起来的村民对自身居住环境具有求新求变的迫切愿望。但由于受城市建筑形态、居住标准等因素影响,以及个人审美情趣、景观理论指导缺失等原因,不少村民盲目向往现代的建筑方式,一切都向城市看齐,却忽视了对乡村的认同感,传统民居的特点和价值被渐渐淡忘。许多农宅纷纷照搬城市的建设模式,在大片传统农宅得到翻新重建的同时,见证了乡村兴衰历史的古建筑、古树名木、古井戏台却因为缺乏保护而逐渐衰落。

由于缺乏景观环保意识,不少人片面追求经济利益,大肆无度开发乡村宝贵资源,使生态环境遭到不同程度的破坏。大量农业用地被征用,使农业景观面积不断萎缩,自然斑块面积加速缩小。乡村景观逐渐失去固有的田园风光和文化底蕴,此外,林间和坡地间随意零星开垦和建造私宅等现象,都对乡村自然景观造成严重的破坏,乡村景观的可持续发展受到威胁。

2. 建设与规划缺失

当前一些地区仍有部分村庄未能完成景观规划编制,导致景观建设随意性较大。一些村庄虽已完成规划方案,但由于资金短缺等各方面原因,早先定下的规划方案长期无法得到实施;规划方案已付诸实施的村庄,其规划重点大多集中于新建、改建农宅建筑上,对于乡村民居和公共空间等生活区域的改造和建设未进行系统的景观规划设计。部分乡村发展与改造建设的随意性较大,景观内涵和功能定位的不统一,常导致形式、风格、体量、布局、绿化(结构、质量)等方面出现混乱的现象(图10-5和图10-6)。

图 10-5 农宅的无序建设(1)
（资料来源：黄斌，2012）

图 10-6 农宅的无序建设(2)
（资料来源：黄斌，2012）

例如，泉州、漳州的一些新村农宅建筑形似别墅，但周围的景观环境却较为混乱（图 10-7 和图 10-8）。不少村民依据自身的意愿建造新宅，忽视当地传统农宅的特点。

经济状况好的农户，其农宅样式新颖，建筑高度更高，体量更大。经济实力较差的农户建宅则形式单一，建筑外部装饰简单，有的甚至不加任何修饰，在视觉观感上形成强烈反差；一些村民出于经济利益和自身方便的考虑，往往将住房随意建在村庄对外交通干道旁（图 10-9），导致村落景观布局混乱；不少村庄已建的绿地景观效果较为一般（图 10-10），绿地固有的休闲功能无从发挥。

图 10-7 新农宅周边混乱的景观环境(1)
（资料来源：黄斌，2012）

图 10-8 新农宅周边混乱的景观环境(2)
（资料来源：黄斌，2012）

图 10-9 农宅随意建在交通干道旁
（资料来源：黄斌，2012）

图 10-10　绿地景观效果一般

（资料来源：黄斌，2012）

3. 指导和监管缺失

乡村景观建设涉及面广，牵涉部门多，需要各方相互配合。当前部分乡村景观建设中的基础设施改造、民居搬迁、环境景观营造等方面仍存在权责不清、信息沟通不畅等现象，缺少必要的统筹协调和监督管理。部分相关部门在新农村建设过程中指导不足，对出现的一些问题监督和管理缺失。不少村庄在景观建设中无章可循，乡村景观建设混乱的现象长期存在。

4. 扶持政策亟须完善

当前大多数村庄的景观基础设施建设仍较为薄弱，需要更多的政策加以扶持和提升。例如，旧村改造中村民的废弃旧房（图 10-11 和图 10-12）、猪圈等土地权属问题；道路、绿化等公共空间的资金不足问题；农村产业结构调整与农业景观建设的融合，则急需相关的政策指引；旧村改造中农民建房的税费问题等。

图 10-11　旧村改造中的废弃旧房(1)

(资料来源:黄斌,2012)

图 10-12　旧村改造中的废弃旧房(2)

(资料来源:黄斌,2012)

二、国外乡村景观规划与管理经验

(一)英国乡村景观

英国(下文中"英国"的概念,特指英格兰)是一个狭长的国家,其乡村景观基本可以分为两个组成部分:西部地区的高地以畜牧业为主,东南部地区的低地地区比较平坦,拥有更多的粮食和种植区域。反映在乡村景观上,西部地区主要为牧场景观(图 10-13),东南部地区则主要为农耕景观(图 10-14)。

图 10-13 英国牧场景观
(资料来源:陈英瑾,2012)

图 10-14 英国农耕景观
(资料来源:陈英瑾,2012)

英国农民的收入并不全部依靠农产品。英国农民享有农产品津贴、农业基础建设补贴和农产品价格补贴。近年来,这些农业补贴占农业总收入的比重飞速增长。1998 年,每个英国农民可以从农业补贴中取得了 4 242 英镑(约 58 000 元人民币),巨额农业补贴已经成为农民工资中的重要组成部分。正是由于这样的条件,英国乡村地区才能够推行农业产量、乡村环境、乡村休闲利用多方共进的多功能农业政策。

第十章 乡村景观规划建设与管理

20世纪80年代以来,以产量为目的的农本主义日渐遭到英国规划界的质疑。乡村是英国的一个重要的国家和文化身份象征,乡村文化景观保护历来是英国关注的问题。现在,对单独"最好地段"的保护开始扩展到从整个国家考虑的对整个栖息地和包括经济体系在内的整个乡村环境体系的保护,景观政策开始深度地、大范围地关注乡村的景观风貌和生态系统。

英国涉及农地保护的法律法规很多,主要包括1938年《绿带法》、1946年《新城镇法》、1947年《城乡规划法》(Town and Country Planning Act)、1947年《农业法》、1949年《国家农村场地和道路法》、1949年《国家公园和享用乡村法》(The National Parks and Access to the Countryside Act)、1981年《野生动植物和农村法》、1986年《农业法》等。其中,1949年通过的《国家公园和享用乡村法》界定了位于乡村地区的国家公园,大面积地保护了具有突出美学、自然和文化价值的乡村。《绿化带建设法》(Green Belt Circular)要求围绕城市进行绿化带种植建设,遏制城市无限制蔓延,从而完整地保护了广大乡村村镇的风貌形态。

此外,英国不断出台新的乡村环境保护法案,法案涵盖生态、景观、历史文化和生活质量各个方面。例如,20世纪60年代的环境保护运动、20世纪70年代的树篱保护运动、1977年的湿地保护和1980年的乡村生活质量保护运动等。

2005年以来,英国政府对农业环境保护进入一个新的阶段,原有的上述农业环境计划被合并,取而代之以两类环境保护计划:初级层次的环境保护计划(entry level stewardship)和高级层次的环境保护计划(higher level stewardship)。初级层次的环境保护计划对国家所有农民开放,要求基础性的环境管理措施,如树篱管理、石墙维护、低投入的草场维护、隔离带、传统农舍维护等。高级层次的环境保护计划则针对有较高需求的地区,为农民提供更多的建议和支持,支持更复杂的环境管理措施,如修复绿篱和传统农舍。在农场和牧场中,由树木或灌木组成的绿篱纵横镶嵌在田地的边缘,林地、石墙、绿地的保存,使这些耕地仍然保留着一定的历史文化氛围(图 10-15、图 10-16 和图 10-17)。

图 10-15 英国农场道路旁的路肩绿化
(资料来源:陈英瑾,2012)

图 10-16 英国农场中的绿篱和树木
(资料来源:陈英瑾,2012)

图 10-17 英国农场中的林地与河流
(资料来源:陈英瑾,2012)

第十章 乡村景观规划建设与管理

除此之外，也有一些特别的项目关注农业景观要素的维护。例如，新农业景观项目是在英国农地整理使土地合理化使用之后，针对大规模的景观和环境恶化（树篱总长度减少，林地面积减少，池塘消失或退化等）而采取的弥补性措施。采取的措施主要是通过乡村景观要素保护乡村景观。被保护的景观要素有树篱、树丛、池塘、生物栖息地，提出了在特定地区植树、修复和增加树篱、修复池塘、管理已有林地等具体的、易于农户操作的多种措施。

在景观规划方面，英国关注保护乡村景观的自然美和保护历史文化特色。英国利用照片、地图和田野调查资料，实施乡村景观特征评估，将乡村的遗产、景观、生态价值综合评估，将区域划分成若干景观类型分区，并列出各分区内重要的景观特征及相关的景观要素，如特有的地形地貌、石墙、树篱，特有的石材、建筑的形态等（图10-18和图10-19），作为日后乡村规划和设计的依据。

图10-18 新建的英国乡村住宅小区(1)
（资料来源：陈英瑾，2012）

▶ 乡村振兴背景下的乡村景观发展研究

图 10-19　新建的英国乡村住宅小区(2)
（资料来源：陈英瑾，2012）

(二)荷兰乡村景观

荷兰乡村景观也划分为农耕景观和牧场景观两类。在耕地地区，荷兰乡村景观拥有大块规整的方形农田、散落其中的农房，堤坝、水渠、道路、河流直通向地平线；竖向的要素，如建筑、植被、林地很少，因而给人一种开阔无垠，甚至是空旷的感觉(图10-20)。其中，经过精心规划的建筑、植被、林地为乡村景观提供了关键的点缀。

荷兰非常注重生态保护。荷兰针对乡村地区进行分区规划，提出由生态结构网络(包括互相联系的自然核心区域、缓冲区、连接区和森林区)、若干农业发展区(设施集中、区位利于市场发展的高效农业区)以及旅游和户外休闲区域的土地结合的利用结构。有学者提议，将需要稳定的乡村景观(如自然保护区域、林地、水体、休闲区域)单独划分出来，由政府实行更严格的管理；对于农业生产所需的土地，则交由农民和市场机制决定其景观。

水道是荷兰乡村景观的一个重要组成因素。荷兰的国土有一半以上低于或几乎水平于海平面，农地需要人工排水。因此，在低地地区，政府希望能够利用水资源，提供自然保护、旅游休闲、交通服务。

图 10-20 荷兰乡村景观
（资料来源：张晋石，2006）

在景观重造的传统下,荷兰的乡村景观是一种成熟的现代产业化农业景观,拥有健康良好的生态系统、良好的产出、舒适宜人的社会生活环境以及合理的"建筑化"平面。这是一种功能性的、象征存在主义的利益性和技术与自然的统一的景观,而非如英国一样,是来自于乡村历史文化传统保护理念的景观。

三、我国乡村景观规划与管理举措

乡村景观管理与维护工作是一项复杂而系统的社会工程,其目的是为村庄创造良好的生活、生产和生态环境。根据目前中国乡村景观规划与建设现状,加强乡村景观规划管理应注意以下几个方面。

（一）健全管理机构

建立乡村景观规划审批、规划管理与规划监督分别管理的机制。这样可以避免权力过于集中而导致规划实施过程中出现的各种问题,增加擅自变更规划的难度和透明度,确保规划的正确实施,从制度上保障规划的实施。通过这种分别管理的网络式结构,可形成层次分明、职责明确和明晰高效的规划管理组织体系。

(二)乡村景观教育

村庄居民大多缺乏正确的景观观念,更不清楚乡村景观所具有的社会、经济、生态和美学价值。乡村景观的可持续发展需要长期加强对村庄居民进行景观价值的宣传和教育,一方面,村庄居民可以获得乡村景观及景观生态保育的知识,使他们认识到乡村景观规划建设不仅仅是改善居住生活环境和保护生态环境,更重要的是与他们自身的经济利益息息相关。通过乡村景观的规划建设,利用各地乡村景观资源优势,可以发展村庄旅游等多种经济形式,提高村庄居民的经济收入。另一方面,让村庄居民了解当地乡村景观的发展规划,这样才可能在行政主管部门的各种活动方面支持相关的乡村景观的建设行动。也只有这样,才能激发村庄居民自觉地投入到乡村景观的规划建设中去。乡村景观教育不仅仅针对村庄居民,也要针对乡村景观的规划管理干部。进一步加强乡村景观规划建设法规的宣传普及,逐步提高广大居民的法规意识。增强遵纪守法的自觉性,及时查处违法建设行为,加强执法力度,切实维护乡村景观规划的严肃性。

一旦村庄居民意识到自己家园的重要性,开始组织动员起来,政府自然无须大费周折地推广与宣传,只要顺势而为,并给予适当的协助,则所有改善乡村景观的事务皆可以顺利推展。日本20世纪60年代兴起的造町运动就充分说明了这一点。

(三)公众参与制度

自从20世纪60年代以来,西方国家政治生活中掀起的公众参与(Public Participation)浪潮很快影响到规划设计领域,并逐渐地贯穿于规划的全过程,成为政府决策的重要步骤,尤其在历史景观保护方面发挥着重要作用,并于20世纪80年代末90年代初开始影响我国规划设计界。尽管目前中国规划设计领域已有一定程度的公众参与,但尚停留在问卷调查、图样和模型展示等事后的、被动的、初级阶段的参与上,与国外相比,中国真正的"公共参与"还相差甚远。

中国公众参与的现状,一方面,与国家的体制有关,由于长期实行计划经济的影响以及我国政治经济的高度集权性和高度计划性,决定了公众参与的程度不会太高,公众的意见也不会受到高度重视;另一方面,从目前公众的素质来看,他们的意见有多少真正意义上的指导作用的确很难说清楚,导致行政主管部门难以采纳公众的建议。

其实,究其两方面的原因,前者公众参与程度不够应该是在转型期过程中必然出现的阶段,不可能一蹴而就,况且政府部门也逐渐意识到公众参与的重要性,只是需要一个过程;后者公众的素质则应该是影响公众参与的主要原因,这在村庄可能表现得更为突出。随着经济的发展和生活水平的提高,村庄居民对其聚落环境有着求新求变的心理,这是无可厚非的,但是由于受到当前城市居住标准、价值观以及建筑形式等的影响,失去了自我判断的标准。发展中的村庄大多向城市看齐,把城市的一切看成现代文明的标志,村庄呈现出城市景观。如有的村庄在规划建设时,提出了"建成城市风貌"的口号,一些在城市早已开始反思的做法却在村庄滋生蔓延。在这种观念意识下,公众参与的作用也就不言自明了。

因此,针对转型期村庄居民的认识问题,在目前乡村景观的规划与建设中,公众参与还只能停留在低层次的水平,其作用更多的是了解村庄居民的想法和意愿,最大限度地保护他们的合法利益。由于认识水平的局限,他们对于规划建设的意见只能作为一种参考,应选择性地采纳他们合理的意见。唯有真正了解村庄的人才能判断哪些东西需要保留,哪些东西需要更新以及如何更新。只有村庄居民在变革的社会中重新找到共同的价值观和对自己家园的认同感,这时的公众参与才能真正贯穿于规划与建设的全过程,才能真正发挥其应有的决策作用,才能真正体现公众参与的价值和意义。

(四)规划设计制度

规范规划设计市场,建立市场准入制度,提高乡村景观规划设计水平。城市规划法和建筑法是规划与建筑管理的基本法规,注册执业制度也明确规定了只有取得执业资格的专业人员才能从事相应的规划与建筑设计。

各级规划行政主管部门要组织对村镇规划和建筑设计的队伍进行监督审查,严禁无证、超资质承担规划设计任务。对达不到规划设计要求的建设项目,不得办理规划批准手续。积极推行专家评审制度和规划公示制度,以确保规划设计和工程质量。

目前,一些经济发达的村庄地区,从规划、设计到建设由当地政府统一组织实施,这对于确保乡村景观整体风貌是大有好处的。然而,由于对村庄居民住宅设计没有指令性规定,即必须由具有执业资格的建筑师承担设计,因而,自行建设,相互模仿,以至于一个地方、甚至一个地区所有的房子基本上都是一样的,造成许多村庄建筑景观上的负面影响。

其实,各地政府也为此做了大量的工作。例如,江苏省连续搞了多次建筑标准图集的推广应用,结合当地村民的生活习惯和当地的风俗,设计一些图纸,但是图纸推广应用的程度很低。尽管政府加以引导和宣传,但是村民不一定去接受,这其中有其观念和经济上的原因。首先,村民看不懂图纸,认为设计的住宅不见得比他们自行建设得好,或者更能满足他们的生活方式;其次,村民从经济上的考虑,认为设计的住宅成本较高,自行建设的住宅可以根据自己的经济条件而定,只要能住,甚至不需要外墙装饰或其他要求。

解决这些问题的关键是政府要有好的政策引导。因此,政府应加强政策引导,灌输村民住宅设计正确程序的观念,积极推动示范住宅的建设,而且应明确规定住宅设计的执业资格。这不仅是改善乡村景观刻不容缓的工作,而且对于规范规划设计市场也是有益的。

(五)乡村景观维护

德国著名的景观设计师彼得·约瑟夫·林内(Peter Joseph Lenne,1789—1866)曾说过:任何东西缺少照料就会衰败,即便是最伟大的设计,如果处置不当,也会被破坏。就是说,光有设计是不够的,光建设也是不够的,如果没有关怀和照顾,任何景观都会很快衰败。

乡村景观维护是一项非常有价值的工作。对于乡村景观建设及一些景观生态恢复的项目,在施工完成后进行必要的维护是非常重要的,如锄草、修剪、树木养护和移植等,这样有助于村庄自然景观生态系统的形成,尽快地达到预期的效果。例如,在德国,很多耕地因贫瘠而不再具有生产的价值,因此一些具有环保意识的团体就会预付一定的报酬给当地的村庄居民,在一些荒废的耕地上或在与自然关系密切的土地上进行环境保育工作。乡村景观维护不仅可以吸纳一小部分村庄剩余劳动力,而且居民也因环保工作增加所得,可以弥补一些农业上的损失。

目前,国内这样的景观维护还十分欠缺,仅仅在一些经济发达的村庄地区才有一些相应的举措。例如,浙江奉化滕头村于20世纪90年代初专门成立国内唯一的村级环保机构——滕头村环保委员会,在乡村景观的管理、维护与宣传方面都起到了重要作用。浙江绍兴县柯桥镇新风村组织企业退休职工建立卫生队、绿化队,起到了保护环境的作用。

(六)乡村旅游规划

目前乡村旅游以农家乐、规模化农业种植基地、农业园区为

▶ 乡村振兴背景下的乡村景观发展研究

主要吸引物,对开发传统田园旅游却极少关注。绝大部分的游客希望看到自然的湖光山色、传统林盘景观和川西建筑,对于外来的欧式建筑、与城市风格相似的"钢筋水泥"的现代建筑和现代农业景观并不热情。

　　传统田园景观是宝贵的旅游资源。以英国为例,英国的国家公园许多属于乡村用地,其牧场、农田景观成为国家保护的珍贵资源。在吸引游客方面,英国的乡村景观负有盛名,如伦敦周边的科斯沃尔德地区,吸引了许多国内外的游客前往参观休闲(图10-21~图10-26)。

图10-21　英国峰区国家公园乡村景观(1)
(资料来源:陈英瑾,2012)

图10-22　英国峰区国家公园乡村景观(2)
(资料来源:陈英瑾,2012)

图 10-23　英国峰区国家公园乡村景观(3)
(资料来源:陈英瑾,2012)

图 10-24　英国峰区国家公园乡村景观(4)
(资料来源:陈英瑾,2012)

图 10-25　英国峰区国家公园乡村景观(5)
(资料来源:陈英瑾,2012)

▶乡村振兴背景下的乡村景观发展研究

图 10-26 英国峰区国家公园乡村景观(6)
(资料来源:陈英瑾,2012)

1."乡村公园"休闲度假区

乡村公园是指由一个或若干个现代农业园区组合而成的,由一个或若干个业主合作经营的,较大规模、功能设施齐全的乡村旅游度假区综合体。

乡村公园由于依托现代农业园区,因此可以充分利用农业园区统一规划的优势,进行统一的规划建设和开发。采用原生型乡村旅游度假、高新技术农业观光区、农业主题公园等经营模式。旅游配套设施集中建设在园区核心,形成集中的餐饮、住宿、娱乐度假场所,同时带动周边散户农家乐提供餐饮、住宿等旅游服务。

2. 乡村花果基地

乡村花果基地是指依托现有较大规模的花果基地(农业产业调整较成功、已形成大规模特色经济林果作物、但土地经营权仍然以农户为主),主要以花果为特色,进行旅游开发的农家乐型度假基地。

花果基地与乡村公园的主要不同之处在于:乡村公园是依托农业园区建成的,其土地已经统一流转到由一个或几个业主之下,园区也由这些业主统一经营管理。花果基地的土地流转比例较小,以散户拥有为主,并且由于水果经济效益较好,农户流转土地的意愿不强,因此花果基地较难像园区一样进行统一规划和集中开发。

升级散户农家乐的旅游观光模式,形成"花果社区＋小型农庄"的总体意向。加大自然林的种植面积,增加乡村本土植物多样性,营造乔灌草的绿化体系,精细化乡村道路、建筑设计。

鼓励增加湿地、绿地、原生态植被、菜园等多样化的土地利用,开辟徒步道路、户外教育场地、幼儿活动场地等,加强旅游项目主题设计。

保持自然质朴的农村特色,对目前农家乐建筑采取适当维修保护而不是大规模的改造。农家乐的建筑房屋主要按照川西民居特点进行设计和改造,要求使用本土材料,鼓励由建筑师、艺术家、当地手工艺人参与设计的艺术型农舍设计,提升农家乐的建筑设计水准,鼓励使用传统林盘改造成为农家乐。

3. 民俗村旅游

鼓励以村级为单位整体开发区域内林盘,形成民俗村的旅游形式,通过古村落观览、农事体验、度假休闲、传统教育、科普教育等方式,开展以村为单位的休闲、游憩、娱乐等旅游活动。利用农户庭院空间以及周围的农家资源,增设耕地种菜、采摘、自选自做等服务项目。民俗村既可由公司业主统一开发,也可以村域范围的农家乐或村集体集中开发。

参考文献

[1]蔡龙铭.农村景观资源规划[M].台北:地景企业股份有限公司,1999.

[2]陈菁,吕萍.农村水景观建设[M].南京:河海大学出版社,2011.

[3]陈威.景观新农村:乡村景观规划理论与方法[M].北京:中国电力出版社,2007.

[4]金其铭.农村聚落地理[M].北京:科学出版社,1988.

[5]李新平,郝向春.乡村景观生态绿化技术[M].北京:中国林业出版社,2016.

[6]刘黎明.乡村景观规划[M].北京:中国农业大学出版社,2003.

[7]王云才.现代乡村景观旅游规划设计[M].青岛:青岛出版社,2003.

[8]张天柱,李国新.美丽乡村规划设计概论与案例分析[M].北京:中国建材工业出版社,2017.

[9]赵德义,张侠.村庄景观规划[M].北京:中国农业出版社,2009.

[10]中国社会科学院语言研究所词典编辑室编.现代汉语词典[M].北京:商务印书馆,1990.

[11]左大康.现代地理学辞典[M].北京:商务印书馆,1990.

[12]侯锦雄.村庄景观变迁之研究——锦水村山地聚落景观评估[J].东海学报,1995(36):6.

[13]蒋琪,阮佳飞.中外旅游小镇模式比较——以曲江新区和普罗旺斯古镇为例[J].城市旅游规划,2015(11):149.

[14]李金苹,张玉钧,刘克锋,胡宝贵.中国乡村景观规划的思考[J].北京农学院学报,2007(3):52~56.

[15]廖彩荣,陈美球.乡村振兴战略的理论逻辑、科学内涵与实现路径[J].农林经济管理学报,2017(6):795~802.

[16]王新宇,于华,徐怡芳.田园综合体模式创新探索——以田园东方为例[J].生态城市与绿色建筑,2017(21):71~77.

[17]魏朝政.坡地游憩区景观体验评估模式之研究——锦水村山地聚落景观评估[J].造园学报,1993(1):31.

[18]肖笃宁,钟林生.景观分类与评价的生态原则[J].应用生态学报,1998(2):217~221.

[19]闫艳平,吴斌,张宇清,冶民生.乡村景观研究现状及发展趋势[J].防护林科技,2008(3):105~108.

[20]叶兴庆.新时代中国乡村振兴战略论纲[J].改革,2018(1):65~73.

[21]于真真.浅谈山地型乡村绿化景观规划[J].现代园艺,2013(12):114.

[22]张晋石.荷兰土地整理与乡村景观规划[J].中国园林,2006(5):66~71.

[23]周华荣.新疆北疆地区景观生态类型分类初探——以新疆沙湾县为例[J].生态学杂志,1999(4):69~72+81.

[24]中华人民共和国建设部.镇规划标准(GB 50188—2007)[S].北京:中国建筑工业出版社,2007.

[25]陈英瑾.乡村景观特征评估与规划[D].北京:清华大学,2012.

[26]黄斌.闽南乡村景观规划研究[D].福州:福建农林大学,2012.

[27]李谦.城乡一体化背景下乡村景观规划研究[D].保定:河北农业大学,2013.

[28]史宏祺.旅游视角下的传统村落保护与发展研究——以莱西市西三都河水村为[D].青岛:青岛理工大学,2018.

[29] 辛儒鸿."美丽乡村"视角下的山地乡村景观规划设计研究——以重庆市渝北区为例[D].重庆:西南大学,2016.

[30] Forman R. T. T., M. Gordron. *Landscape Ecology*[M]. New York:John Wiley & Sons,1986.

[31] S. Schallman M. Pfender. *An assessment procedure for countryside Landscapes*[M]. Seattle: Dept. of Landscape Architecture,University of Washington,1982.

[32] Kevin Lynch. *The Image of the City*(24th)[M]. Cambridge: the MIT press,1996.